LA MAGIA DE LOS NÚMEROS

Un recorrido por los misterios,
curiosidades y desafíos matemáticos

José Luis González Fernández
David Molina García
José Antonio Núñez López

LA MAGIA
DE LOS NÚMEROS

Un recorrido por los misterios,
curiosidades y desafíos matemáticos

Octaedro

Título: *La magia de los números. Un recorrido por los misterios, curiosidades y desafíos matemáticos*

Patrocinado por la Universidad de Castilla-La Mancha
y el Departamento de Matemáticas de Castilla-La Mancha.

Primera edición: septiembre de 2025

ISBN: 978-84-1028-293-3
Depósito legal: B 17450-2025

Diseño y producción: Octaedro Editorial

Impresión: Ulzama

Impreso en España / *Printed in Spain*

AGRADECIMIENTOS

Este libro está dedicado a todas las personas que han hecho posible no solo su contenido, sino también el camino recorrido hasta verlo hecho realidad.

En primer lugar, queremos expresar nuestro más sincero agradecimiento a José Luis Carlavilla Fernández, profesor jubilado de Didáctica de las Matemáticas. Su generosidad al compartir su experiencia, su mirada crítica y su constante disposición para ayudar han sido una fuente invaluable de orientación e inspiración durante todo el proceso. Sin su inestimable ayuda y consejo, este libro sencillamente no habría sido posible.

También deseamos agradecer profundamente al Departamento de Matemáticas de la Universidad de Castilla-La Mancha, al que pertenecemos, por fomentar un ambiente de trabajo colaborativo y por apoyar con entusiasmo tanto nuestras inquietudes académicas como los proyectos personales que surgen del compromiso con la enseñanza y la investigación. La libertad intelectual y el respaldo recibido han sido fundamentales para que esta obra pudiera desarrollarse con solidez y entusiasmo.

Del mismo modo, a la Facultad de Educación de Ciudad Real, que ha sido no solo nuestro lugar de trabajo, sino también el espacio donde hemos compartido ideas, inquietudes y aprendizajes con colegas, estudiantes y profesionales comprometidos con la educación. Este libro nace en buena parte del día a día vivido entre aulas, pasillos y conversaciones que nos han hecho reflexionar y crecer.

Queremos hacer una mención muy especial a nuestras familias, que han estado presentes en todo momento con una paciencia infinita y un apoyo constante. Gracias por comprender las horas dedicadas, por animarnos en los momentos de duda, y por sostenernos en el equilibrio entre la vida personal y el compromiso académico. Su compañía silenciosa pero firme ha sido una fuente continua de motivación y fortaleza.

De forma igualmente especial, queremos agradecer a Ángel González por su generosa colaboración en la realización de las ilustraciones de este libro. Su talento, creatividad y disposición para contribuir de forma totalmente desinteresada han aportado un valor añadido incalculable al contenido, haciendo más accesibles y visuales muchas de las ideas aquí desarrolladas. Su trabajo ha sido, sin duda, una parte fundamental del resultado final.

Asimismo, extendemos nuestro agradecimiento a todas aquellas personas que, de una manera u otra, han formado parte de este camino. A quienes nos han escuchado con atención, ofrecido sugerencias valiosas, planteado preguntas desafiantes o simplemente nos han acompañado con afecto y cercanía. Cada gesto, cada palabra de ánimo, cada conversación ha sumado en este recorrido.

Este libro es el resultado de un esfuerzo compartido, no solo entre quienes firmamos como autores, sino también con todos los que han dejado su huella, de manera directa o indirecta, en estas páginas. A todas y todos, gracias de corazón por formar parte de esta travesía.

ÍNDICE

INTRODUCCIÓN

En el vasto paisaje de las matemáticas hay lugares maravillosos y misterios que aguardan ser explorados. Este libro te invita a embarcarte en un emocionante viaje a través de cuadrados mágicos, historias legendarias y desafíos matemáticos que despertarán tu mente y alimentarán tu curiosidad.

Los cuadrados mágicos, con su simplicidad numérica y complejidad estructural, nos servirán como puerta de entrada a un reino donde los números danzan en armonía, revelando patrones que desafían la explicación convencional. A medida que desentrañamos estos enigmas, nos sumergiremos en el fascinante cruce entre la lógica y la estética matemática.

Pero en este viaje no solo habrá números. Conforme vayas pasando las páginas, te sumergirás en historias y leyendas que han elevado las matemáticas de simples cálculos a una forma de arte. Desde narrativas de civilizaciones antiguas hasta relatos contemporáneos, cada historia destila la esencia de la magia que reside en la resolución de problemas y el descubrimiento matemático.

No podemos dejar de lado los juegos y problemas matemáticos que desafiarán tu mente y estimularán tu ingenio. Cada desafío es una oportunidad para explorar, aprender y, sobre todo, disfrutar del proceso de descubrimiento.

Así que prepárate para adentrarte en un territorio donde las fronteras entre la realidad y la abstracción se desdibujan, donde los números no son solo herramientas, sino portales a mundos de posibilidades infinitas. Este libro es tu billete para un emocionante recorrido por el lado fascinante de las matemáticas.

¡Bienvenido a un viaje donde la magia de los números y las historias te cautivarán!

¿Estás preparado?

CAPÍTULO 1.
CUADRADOS MÁGICOS

Un cuadrado mágico es una matriz cuadrada —una tabla de números dispuestos en filas y columnas de igual longitud— donde la suma de los números en cada fila, columna y diagonales principales es la misma. En otras palabras, la suma de los números a lo largo de cualquier fila, columna o diagonal siempre da como resultado un número constante, conocido como la *constante mágica*. Los cuadrados mágicos se presentan en diferentes órdenes o tamaños. Por ejemplo, un cuadrado mágico de orden 3 sería una matriz 3x3 de números, mientras que un cuadrado mágico de orden 4 sería una matriz 4x4.

La creación de estos cuadrados ha sido un tema de interés a lo largo de la historia, y existen métodos y reglas específicas para generarlos. Estos cuadrados han fascinado a matemáticos, artistas y entusiastas durante siglos debido a su estructura única y propiedades matemáticas intrigantes. Además, se han integrado en la cultura y el arte, y a menudo se utilizan como rompecabezas y ejercicios de pensamiento en el ámbito matemático y recreativo.

1.1. Lo-Shu

Los cuadrados mágicos están conectados con lo sobrenatural y con el mundo mágico desde tiempos muy antiguos, y algunos cuadrados mágicos encontrados en excavaciones arqueológicas realizadas en antiguas ciudades asiáticas avalan esta afirmación. El cuadrado mágico más antiguo que conocemos es el llamado *Lo-Shu*. Según una antigua leyenda china, el Lo-Shu fue revelado al hombre por primera vez en el caparazón de una tortuga que emergió de las aguas del río Lo (actual río Amarillo), en tiempos del emperador Yü (2200 a.C.). Este cuadrado mágico, al que se atribuyen significados religiosos, todavía es usado hoy en día como amuleto de la buena suerte. El cuadrado mágico Lo-Shu es el siguiente:

4	9	2
3	5	7
8	1	6

En China se atribuyó un significado mágico a sus propiedades. Sus filas, columnas y diagonales suman 15, que es la constante mágica de Lo-Shu. El número 15 es el número de días que tarda la luna creciente en llegar a convertirse en luna llena; y la luna menguante en luna nueva. El cuadrado mágico representa la influencia del tiempo en nuestras vidas. Los números pares del cuadrado representan el principio femenino del ying. Los números impares, el masculino del yang. En el centro se encuentra el número 5, que pertenece a las dos diagonales y a la columna y fila centrales y representa a la Tierra. A su alrededor estarían lo que para los chinos son los cuatro elementos principales del universo: metales (representados por los números 4 y 9), fuego (números 2 y 7), agua (números 1 y 6) y madera (números 3 y 8).

Otra versión sitúa la historia alrededor del año 2000 a.C. En este relato, el emperador Shu se enfrentaba a la ira del Dios Río Lo, cuyas inundaciones estaban causando estragos en la región. En un intento desesperado por calmar las aguas, el emperador llevó a cabo una serie de rituales y sacrificios, mientras sus súbditos observaban con angustia cómo sus posesiones quedaban anegadas. En cada ceremonia, una tortuga emergía en la orilla, despreciando las ofrendas como si fueran insuficientes. Uno de los días, las personas allí congregadas  advirtieron que los números naturales del 1 al 9 aparecían en el caparazón de la tortuga. Después de varios intentos, descubrieron la clave: sumar los números en filas horizontales, verticales y diagonales resultaba en 15, y esa fue la ofrenda que presentaron al dios del río. Con este acto, lograron poner fin a los problemas de inundaciones. Por esta razón, en China, a los cuadrados mágicos se les conoce como *Lo-Shu*. Este cuadrado mágico, grabado en metales preciosos, se sigue utilizando en China como protección contra los malos espíritus.

━ Ejercicio 1

¿Podrías construir otros cuadrados mágicos de orden 3? ¿Hay alguna relación entre la constante de los cuadrados mágicos que has construido y la posición que ocupa alguno de los números?

Por otro lado, diremos que un cuadrado es multiplicativo cuando el producto —resultado de la multiplicación— de todas sus filas, columnas y diagonales principales sea el mismo. Aquí tienes un ejemplo de cuadrado mágico multiplicativo.

12	1	18
9	6	4
2	36	3

━ Ejercicio 2

¿Cómo construirías otros cuadrados multiplicativos de orden 3?

1.2. Melancolía I

En el Renacimiento, al igual que ocurrió con otras muchas manifestaciones artísticas y culturales como la pintura o la escultura, las matemáticas vivieron un momento de gran esplendor. Un ejemplo lo encontramos en la obra del pintor alemán Alberto Durero (1471-1528), en la que destacó la relación de belleza entre el arte y las matemáticas. En su famoso grabado de 1514, titulado *Melancolía I*, aparece el que se cree que es el primer cuadrado mágico europeo, situado en la esquina superior derecha. En esta época a los cuadrados mágicos de orden 4 se les atribuían ciertas propiedades curativas. Los astrólogos los recomendaban como amuletos para ahuyentar la melancolía. Quizás Durero encontró en ello un pretexto para incluir el cuadrado mágico en su grabado y titularlo así.

En el buril de Durero, la «melancolía» no es ni un avaro ni un enfermo mental, sino un ser pensante sumi-do en la perplejidad, que trata de resolver un problema muy difícil. La «geometría», en figura de dama rica-mente ataviada, está ocupada en re-solverlo. El compás, la regla, el reloj de arena con la campana y la balanza son elementos matemáticos relacio-nados con la medición del espacio y del tiempo. Casi todos los motivos empleados en el grabado de Durero se pueden justificar por referencias a tradiciones, relativas a la melanco-lía, de una parte, y a la geometría, de otra. También, el temperamento me-

lancólico se asocia a Cronos, el antiguo dios griego del tiempo —o Saturno según la tradición romana—, padre de Zeus —Júpiter— y de otros dioses olímpicos. En su condición de dios de la cosecha, debía supervisar las me-didas y cantidades de las cosas y, en especial, la partición de la tierra, lo que también podría estar relacionado con la naturaleza del cuadro.

La melancolía, considerada como un estado anímico irracional, no es la tragedia o el drama producido por la pérdida de algo muy querido, sino que hay que encontrarla en la creación del propio sujeto. La racio-nalidad representada principalmente en el cuadro por la geometría es la única forma de solucionarla.

Este cuadrado mágico data de 1514 y puede considerarse como el primero que aparece en Occidente. Es interesante observar que la fila inferior del cuadra-do mágico es una especie de firma del autor. Los números centrales incluyen la fecha de su creación (15 y 14), mientras que los números de los extremos (4 y 1) corresponden al lugar que ocupan en el abecedario las iniciales del autor (D y A).

La constante mágica de este cuadrado es 34. En el interior del cuadrado de Durero se identifican numerosas formas distintas de obtener la suma igual a 34, como por ejemplo:

1)La suma de sus cuatro filas.

16	3	2	13
5	10	11	8
9	6	7	12
4	15	14	1

2)La suma de sus cuatro columnas.

16	3	2	13
5	10	11	8
9	6	7	12
4	15	14	1

3) La suma de las dos diagonales.

16	3	2	13
5	10	11	8
9	6	7	12
4	15	14	1

4) La suma de los cuatro números situados en las esquinas y la de los números situados en los cuatro cuadrados centrales.

16	3	2	13
5	10	11	8
9	6	7	12
4	15	14	1

5) Si dividimos el cuadrado por la mitad horizontal y verticalmente, se obtienen cuatro cuadrados con cuatro números cada uno. La suma de los números situados en cada uno de ellos es 34.

16	3	2	13
5	10	11	8
9	6	7	12
4	15	14	1

6) La suma los dos números centrales de la primera fila con los dos números centrales de la última fila y la suma los dos números centrales de la primera columna con los dos números centrales de la última columna.

16	3	2	13
5	10	11	8
9	6	7	12
4	15	14	1

7) La suma de los números situados en las esquinas de los cuadrados de 3×3.

16	3	2	13
5	10	11	8
9	6	7	12
4	15	14	1

8) Otras combinaciones que suman 34.

16	3	2	13
5	10	11	8
9	6	7	12
4	15	14	1

16	3	2	13
5	10	11	8
9	6	7	12
4	15	14	1

16	3	2	13
5	10	11	8
9	6	7	12
4	15	14	1

16	3	2	13
5	10	11	8
9	6	7	12
4	15	14	1

16	3	2	13
5	10	11	8
9	6	7	12
4	15	14	1

16	3	2	13
5	10	11	8
9	6	7	12
4	15	14	1

16	3	2	13
5	10	11	8
9	6	7	12
4	15	14	1

▬ Ejercicio 3

A partir del cuadrado mágico del cuadro de Durero, reemplaza cada número por su cuadrado. ¿Es un cuadrado mágico? ¿Qué propiedades descubres en él? Ahora sustituye cada número por su cubo ¿Qué observas?

▬ Ejercicio 4

A partir del siguiente cuadrado, que no es mágico, intercambia tres parejas de números para convertirlo en mágico:

13	7	12	4
3	10	5	15
2	11	8	14
16	6	9	1

1.3. Cornelio Agrippa

Heinrich Cornelius Agrippa von Nettesheim, comúnmente conocido como Cornelio Agrippa, fue un erudito renacentista, teólogo, filósofo, médico, alquimista y mago alemán. Nació el 14 de septiembre de 1486 en Colonia, Alemania, y falleció el 18 de febrero de 1535 en Genoble, Francia.

Es conocido por su obra «De occulta philosophia libri tres» —Tres libros sobre filosofía oculta—, publicada en 1533. En esta obra, Agrippa explora una amplia gama de temas relacionados con la magia, la astrología, la alquimia y otros aspectos esotéricos, desempeñando un papel destacado en la revitalización del interés por las prácticas esotéricas durante el Renacimiento.

Buscó integrar la magia en la corriente principal del conocimiento, argumentando que estas prácticas no eran incompatibles con la razón y la ciencia, sino que eran expresiones válidas de la comprensión del cosmos.

Un aspecto notable de las contribuciones de Agrippa fue su interés por los cuadrados mágicos, especialmente aquellos asociados con la astrología. En lugar de ver estas construcciones como meras disposiciones de números en una cuadrícula, las consideraba como herramientas que nos podrían conectar con fuerzas cósmicas. Esto le llevó a describir las virtudes mágicas de siete cuadrados mágicos de órdenes 3 a 9, asociando cada uno de ellos a uno de los planetas astrológicos entonces conocidos —Saturno, Júpiter, Marte, el Sol, Venus, Mercurio y la Luna—. Al no poderse construir cuadrados mágicos de orden 2, es decir, con 4 componentes, a menos que sea el trivial con todas las casillas ocupadas por el mismo número, dedujo la falsedad de la filosofía que los antiguos griegos atribuían a los cuatro elementos básicos —fuego, agua, aire y tierra— como principios del universo.

Cuadrado mágico de Saturno

Es de orden 3 e incorpora todos los números del 1 al 9. La constante mágica es 15, mientras que la suma total de sus números es 45. Un dato que llama la atención es que el 15 y el 45 son números triangulares. Además, la paleta de colores utilizada es única, asignando el blanco a los números y el negro al fondo. Esta elección cobra significado en un contexto astrológico, ya que el cuadrado está vinculado al plomo, un metal asociado a Saturno. El color oscuro, representativo de Saturno y personificado por el plomo, evoca connotaciones de muerte y conclusión en esta expresión mágica.

Cuadrado mágico de Júpiter

4	14	15	1
9	7	6	12
5	11	10	8
16	2	3	13

El cuadrado vinculado a Júpiter adopta una estructura de orden 4, con una constante mágica de 34, resultado de multiplicar el dos, representando el primer número femenino, por el diecisiete, un número primo masculino. La suma total de los números que componen el cuadrado asciende a 136. En cuanto a la paleta cromática, se asigna el color naranja a los números, mientras que el fondo adquiere tonalidades de azul. El metal elegido para representar a Júpiter es el estaño, debido a su tonalidad azulada que simbólicamente lo vincula con el cielo.

Cuadrado mágico de Marte

11	24	7	20	3
4	12	25	8	16
17	5	13	21	9
10	18	1	14	22
23	6	19	2	15

El cuadro asociado al planeta Marte adopta una configuración de orden 5, con una constante mágica de 65. Este valor surge de la multiplicación de 5 y 13, dos números cargados de simbolismo: el cinco, representativo del hombre, y el trece, vinculado a la carta de la muerte. En términos de color, se elige el verde para los números y el rojo para el fondo, dado que el metal designado es el hierro.

Cuadrado mágico del Sol

Agrippa afirma que el cuadro del Sol adopta la forma de un cuadrado de 6x6, albergando treinta y seis números en su interior. Cada columna vertical, fila horizontal o diagonal principal arroja una suma constante de 111. La suma total de todos los números en el cuadro es 666, el mismo número asociado a la Bestia, según el Apocalipsis. En cuanto a la paleta de colores, se elige el violeta o magenta para los números, mientras que el fondo se tiñe de amarillo. Esta elección cromática encuentra su simbolismo en el hecho de que el metal relacionado con el Sol es el oro.

6	32	3	34	35	1
7	11	27	28	8	30
19	14	16	15	23	24
18	20	22	21	17	13
25	29	10	9	26	12
36	5	33	4	2	31

— Ejercicio 5

¿Cómo se podría construir un cuadrado mágico de orden 6 cuya constante sea 666?

¿Qué propiedades encuentras en este cuadrado?

186	180	108	114	72	6
30	156	102	138	48	192
204	54	126	90	168	24
18	60	132	96	162	198
12	174	120	84	66	210
216	42	78	144	150	36

Cuadrado mágico de Venus

22	47	16	41	10	35	4
5	23	48	17	42	11	29
30	6	24	49	18	36	12
13	31	7	25	43	19	37
38	14	32	1	26	44	20
21	39	8	33	2	27	45
46	15	40	9	34	3	28

El cuadrado asociado a Venus presenta una estructura de orden 7, con una constante mágica de 175. Los colores utilizados en la tabla son el amarillo para los números y un tono verde oscuro para el fondo. Como metal representativo de Venus, se elige el bronce.

Cuadrado mágico de Mercurio

8	58	59	5	4	62	63	1
49	15	14	52	53	11	10	56
41	23	22	44	45	19	18	48
32	34	35	29	28	38	39	25
40	26	27	37	36	30	31	33
17	47	46	20	21	43	42	24
9	55	54	12	13	51	50	16
64	2	3	61	60	6	7	57

El cuadrado vinculado a Mercurio se caracteriza por tener orden 8, con una constante mágica de 260. La suma total de los números en el cuadrado se cifra en 2080. En cuanto a la paleta de colores, se designa el claro azul para los números y el naranja para el fondo. Es interesante destacar que el metal asociado a Mercurio es el mercurio mismo, siendo este el único metal que se encuentra en estado líquido a temperatura ambiente.

Cuadrado mágico de la Luna

37	78	29	70	21	62	13	54	5
6	38	79	30	71	22	63	14	46
47	7	39	80	31	72	23	55	15
16	48	8	40	81	32	64	24	56
57	17	49	9	41	73	33	65	25
26	58	18	50	1	42	74	34	66
67	27	59	10	51	2	43	75	35
36	68	19	60	11	52	3	44	76
77	28	69	20	61	12	53	4	45

El cuadrado relacionado con la Luna tiene orden 9 y una constante mágica de 369, formada por la combinación de números que resultan de 3x1, 3x2 y 3x3. La disposición de colores es opuesta a la del Sol, con amarillo para los números y morado o magenta para el fondo. En términos de simbolismo metálico, la plata es el metal asociado a la Luna.

1.4. Euler y sus cuadrados

Leonhard Euler fue un destacado matemático y físico suizo del siglo XVIII. Nació el 15 de abril de 1707 en Basilea (Suiza) y falleció el 18 de septiembre de 1783 en San Petersburgo (Rusia). Posiblemente se trate del principal matemático del siglo XVIII y uno de los más grandes y prolíficos de todos los tiempos. El número «e» debe su inicial a Euler y se le conoce muchas veces directamente como número de Euler.

Desde sus primeros años, demostró un talento extraordinario para las matemáticas, guiado por la enseñanza de su padre y el influyente matemático Johann Bernoulli (1667-1748). A la temprana edad de 13 años, ingresó a la Universidad de Basilea y a los 16 ya había obtenido el título de maestro en Filosofía.

Su carrera brilló con luz propia en San Petersburgo (Rusia), donde trabajó en la Academia de Ciencias y dejó una marca imborrable en diversas disciplinas matemáticas. Euler contribuyó a la teoría de funciones, desarrollando la notación *f(x)*, que se convirtió en estándar. Su trabajo en teoría de números, cálculo, álgebra y geometría sentó las bases para el análisis matemático moderno.

En cuanto a números, Euler publicó un cuadrado semimágico en el cual todas las filas horizontales y verticales sumaban 260. Sin embargo, no es un cuadrado mágico, ya que las diagonales principales no suman 260. Además, en dicho cuadrado podemos ver que cada fila horizontal y vertical de los cuadrados de orden 4 que se forman suman 130, y donde un caballo de ajedrez puede recorrer todo el tablero, ocupando cada celda solo una vez, siguiendo el orden natural de los números.

1	48	31	50	33	16	63	18
30	51	46	3	62	19	14	35
47	2	49	32	15	34	17	64
52	29	4	45	20	61	36	13
5	44	25	56	9	40	21	60
28	53	8	41	24	57	12	37
43	6	55	26	39	10	59	22
54	27	42	7	58	23	38	11

— Ejercicio **7**

Sobre un tablero con un número impar de casillas es imposible un camino de caballo «con vuelta a casa». ¿Por qué?

▬ Ejercicio 8

Construye recorridos del caballo de ajedrez en tableros de 5x5, 6x6 y 7x7.

1.4.1. El recorrido del caballo

En una carta escrita el 26 de abril de 1757 y dirigida a su amigo Goldbach, Euler le hace constar la solución del siguiente problema: ¿Puede la pieza del caballo de ajedrez moverse en el interior de un tablero de ajedrez vacío y entrar en contacto con cada una de las 64 casillas, una vez y solo una vez?

Euler resolvió dicho problema en *Solution d'une question curieuse qui ne parait soumise a aucune analyse* (1766) en la que también ofreció soluciones sobre distintos tableros rectangulares (4 x 4, 5 x 5, 6 x 6, 10 x 10, 3 x 4, 3 x 7, 4 x 5, 4 x 6, 4 x 7, 5 x 6, 6 x 6) y sobre tableros en forma de cruz.

Mostramos aquí algunas soluciones:

58	43	60	37	52	41	62	35
49	46	57	42	61	36	53	40
44	59	48	51	38	55	34	63
47	50	45	56	33	64	39	54
22	7	32	1	24	13	18	15
31	2	23	6	19	16	27	12
8	21	4	29	10	25	14	17
3	30	9	20	5	28	11	26

10	7	2	5
1	4	9	12
8	11	6	3
	10	7	

12	5	2	9
3	8	11	6
	1	4	

1.4.2. Cuadrados latinos

En los últimos años de su vida, Leonhard Euler escribió una memoria: «*Recherches sur une nouvelle espèce de carrés magiques*», que trata sobre un tipo particular de cuadrados mágicos hoy llamados *cuadrados latinos*, debido a que Euler tenía la costumbre de escribir en sus casillas letras latinas minúsculas.

Un cuadrado latino se define como una matriz de dimensión $n \times n$ en la cual cada celda contiene uno de los n símbolos disponibles, asegurando que cada símbolo aparezca exactamente una vez en cada fila y columna de la matriz. Así, un cuadrado latino de orden 4 podría responder a esta estructura:[1]

a	b	c	c
b	a	d	c
c	d	a	b
d	c	b	a

---

1 Cada letra figura solamente una vez en cada una de sus filas y columnas.

La aparición de los cuadrados latinos tiene raíces que se remontan a, al menos, alrededor del año 1.000 d. C., cuando las comunidades árabes e indias los incorporaron a su cultura. Estos cuadrados, junto con los cuadrados mágicos, desempeñaban un papel especial como amuletos o talismanes en esas épocas. Aunque los cuadrados mágicos eran más comunes como diseños numéricos cuadrados desde mucho antes, los cuadrados latinos también encontraron uso en contextos similares. Estaban vinculados a la astrología, la alquimia, la magia y la numerología, y se utilizaban tanto para sanar como para servir como amuletos. Su conexión con los planetas y su función para combatir a los demonios o rendir homenaje a los dioses añadían un componente místico y espiritual a su aplicación en diversas culturas.

Una variante de los cuadrados latinos es el sudoku, que se popularizó en Japón en 1986, dándose a conocer en el ámbito internacional cuando numerosos periódicos empezaron a publicarlo en su sección de pasatiempos. Este puzle no se inventó en Japón, como mucha gente cree, pero sí el nombre por el que lo conocemos: *sudoku* (Su = número, dígito; Doku = único, soltero).

La solución de este rompecabezas siempre es un cuadrado latino, aunque el recíproco en general no es cierto, ya que el puzle establece la restricción añadida de que no se puede repetir un mismo número en una región. Un sudoku bien construido tiene solución única.

En el siglo XIII, el filósofo Ramón Llull (1232-1315) presenta un caso adicional de cuadrados latinos en su obra «*Ars Demostrativa*» (1283). En este contexto, emplea cuatro cuadrados latinos de orden 4, donde los símbolos utilizados representan los cuatro elementos fundamentales: fuego, aire, agua y tierra.

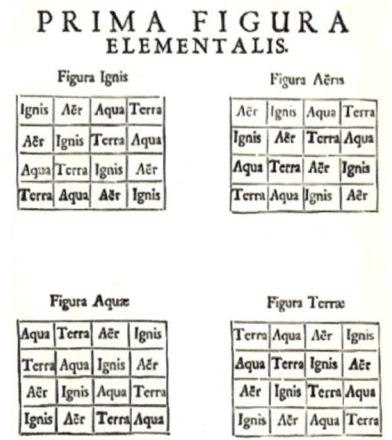

1.4.3. Cuadrados grecolatinos

Los cuadrados grecolatinos se generan al sobreponer dos cuadrados latinos del mismo orden y que son ortogonales entre sí. Uno de los cuadrados contiene letras latinas, mientras que el otro presenta letras griegas. Dos cuadrados se consideran ortogonales si, al superponerlos, cada letra latina y griega aparece exactamente una vez en la combinación resultante.

Este es un cuadrado grecolatino:

ax	by	cz	dv
bz	av	dx	cy
cv	dz	ay	bx
dy	cx	bv	az

Observa que todas las casillas tienen símbolos diferentes. Para su construcción hemos utilizado dos cuadrados latinos que son ortogonales.

a	b	c	d
b	a	d	c
c	d	a	b
d	c	b	a

x	y	z	v
z	v	x	y
v	z	y	x
y	x	v	z

▬ Ejercicio 9

Construye un cuadrado grecolatino de orden 5 basándote en dos cuadrados latinos de orden 5 ortogonales.

En tiempos de Euler se conocían cuadrados grecolatinos de orden 3, 4 y 5. No existen cuadrados grecolatinos de orden 2, y existía la duda de poder encontrar cuadrados grecolatinos de orden 6 o superior. Euler formula la búsqueda de cuadrados de orden 6 con este famoso problema:

Un ejército está formado por seis regimientos y cada uno de estos regimientos tiene seis oficiales de distinta graduación. ¿Podríamos situar a los 36 oficiales en un cuadrado de forma que cada fila y cada columna contengan un oficial de distinto regimiento y graduación?

Existía la duda de poder encontrar cuadrados grecolatinos de orden 6 o superior. Esto le llevó a hacer la conjetura de que no existe un cuadrado grecolatino de orden n = 4k + 2, siendo k un número entero mayor o igual que 1. En 1901, el matemático francés Gaston Tary demostró la validez de esta suposición para un cuadrado grecolatino de orden 6, lo cual hizo aún más verosímil la hipótesis de Euler.

A finales de la década de los 50, y ayudados por los avances de las máquinas calculadoras, se descubren cuadrados grecolatinos de órdenes 10, 14, 18 y 22, invalidando de esta forma la conjetura de Euler.

Fisher fue el primero en poner de manifiesto la utilidad de los cuadrados grecolatinos en el diseño de experimentos en campos muy variados: agricultura, medicina, biología, sociología, etc. El cuadrado grecolatino no es más que un diagrama del experimento donde sus filas, columnas y letras o números representan las variables de este.

Un ejemplo de cuadrado grecolatino de orden 4 dio solución a un famoso solitario de cartas del siglo XVIII: tomando 16 cartas de la baraja española (las 12 figuras y los 4 ases) debemos disponerlas formando un cuadrado de tal modo que en ninguna línea de cuatro cartas (ya sea horizontal, vertical o diagonal) aparezca repetido el palo o el número de alguna carta.

1.5. El cuadrado mágico de Benjamin Franklin

Benjamin Franklin fue un destacado líder durante el proceso de independencia de los Estados Unidos y uno de los redactores de la Constitución americana. También es conocido por sus contribuciones como político e inventor del pararrayos y las lentes bifocales. Uno de sus pasatiempos consistía en un juego matemático similar al Sudoku moderno. Retaba a sus amigos a descubrir cómo lo había creado, un desafío tan difícil que, con orgullo, informó a su amigo John Winthrop, profesor de matemáticas en la Universidad de Harvard, que había dejado perplejas a las mentes más agudas del Imperio Británico. El cuadrado es:

52	61	4	13	20	29	36	45
14	3	62	51	46	35	30	19
53	60	5	12	21	28	37	44
11	6	59	54	43	38	27	22
55	58	7	10	23	26	39	42
9	8	57	56	41	40	25	24
50	63	2	15	18	31	34	47
16	1	64	49	48	33	32	17

A continuación, se muestran algunas propiedades que ponen de manifiesto la importancia de esta construcción:

• Es un cuadrado de 8 filas por 8 columnas, contiene por tanto 64 espacios.
• Está formado por los números naturales del 1 al 64 sin repetición.
• Los elementos de cada fila suma 260.
• Los elementos de cada columna también suman 260.
• Si de la construcción tomamos cualquier cuadrado de orden, 2 sus números suman siempre 130.

Estas son solo algunas de las curiosidades que presenta este cuadrado.

▬ Ejercicio 10
¿Es el cuadrado de Benjamin Franklin un cuadrado mágico?

▬ Ejercicio 11
¿Observas alguna regularidad en los números que forman las filas del cuadrado? ¿Y en las columnas?

▬ Ejercicio 12
¿Podrías encontrar más regularidades en el cuadrado?

1.6. Gaudí y la Sagrada Familia

¿Quién no ha visitado, a estas alturas, la Sagrada Familia de Barcelona?

De todos es sabida la majestuosidad de este templo, tanto por su origen y fundación como por sus propósitos. Es fruto de la obra del famoso Antoni Gaudí, cuyo proyecto fue impulsado por y para el pueblo, habiendo transcurrido más de 135 años desde la colocación de la primera piedra, allá por el 19 de marzo de 1882. Actualmente, la basílica sigue en construcción y la obra está previsto que acabe en el año 2026.

Una de sus cientos de curiosidades se encuentra en la fachada de la Pasión. Esta fachada contrasta con la alegría de la del Nacimiento, ya que representa, con un aire tenebroso, la muerte y la resurrección. Pues bien, es en esta fachada donde hallamos un cuadrado mágico muy especial.

Tan especial que Subirachs —autor de este— tomó el de Durero y lo modificó, repitiendo las cifras 14 y 10 y eliminando el 12 y el 16, para que la suma de sus filas, columnas y diagonales diese como resultado 33 (edad a la que se supone que murió Jesucristo). Dan Brown, en una de sus novelas cuya acción se desarrolla en Cataluña, sobre todo en Barcelona y con la Sagrada Familia como uno de sus escenarios, recurre al cuadrado mágico de Durero como clave del enigma que hay que resolver —reconocemos que no es de nuestros autores favoritos, pero es interesante ver cómo lo utiliza—.

Durante la escritura de estas líneas, un amigo, madrileño de adopción, nos hizo llegar la foto que aquí se presenta acompañada de la siguiente afirmación: «Aquí también tenemos de eso».

Efectivamente, también tienen un cuadrado mágico en un lugar de culto cristiano. Concretamente, se trata del mismo cuadrado mágico que aparece en la Sagrada Familia, pero encastrado en una de las fachadas —la que da a la calle de Arganda— de la Parroquia de Nuestra Señora de Europa, situada en el paseo del Doctor Vallejo Nájera e inaugurada en 1997 dentro de las actuaciones urbanísticas del Pasillo Verde. Además, dicen que se unen los símbolos masónicos que jalonan todo el recorrido. ¿Masónicos? Dejaremos este misticismo para otra ocasión.

Ejercicio 13

En el cuadrado vemos que algunos números como el 10 aparecen repetidos. ¿Podrías construir un cuadrado mágico de constante mágica 33 sin repetir ningún número?

Ejercicio 14

Intenta construir un cuadrado mágico de orden 4 procurando que no haya números repetidos y en el que, en la primera fila, aparezca el día de tu nacimiento.

1.7. El cuadrado mágico de la Ermita Virgen del Calvario, de Zurgena (Almería)

En el año 1992 comenzó la restauración de la Ermita Virgen del Calvario, de la localidad de Zurgena (Almería). Esta restauración fue posible gracias al dinero recogido mediante la venta lotería Primitiva y del número 54713 de la lotería de Navidad. Como tributo a todos aquellos que contribuyeron económicamente participando en alguno de estos juegos, y para que su recuerdo perdure con el tiempo, la restauración incluyó dos placas numéricas en uno de los laterales de las obras de ampliación. La superior consiste en un cuadrado mágico de orden 7 con los 49 números de la lotería Primitiva y la inferior marca el número de la lotería de Navidad que hizo posible la restauración. Ambos pueden verse en la siguiente imagen:

El cuadrado mágico representado en esta ermita es muy destacable por la cantidad de propiedades matemáticas que incluye. Para empezar, contiene otros dos cuadrados mágicos, uno de orden 5 y otro de orden 3.

49	48	11	46	6	12	3
7	13	14	31	32	35	43
8	30	28	21	26	20	42
45	33	23	25	27	17	5
9	34	24	29	22	16	41
10	15	36	19	18	37	40
47	2	39	4	44	38	1

13	14	31	32	35
30	28	21	26	20
33	23	25	27	17
34	24	29	22	16
15	36	19	18	37

28	21	26
23	25	27
24	29	22

Las constantes mágicas de los tres triángulos mágicos son 175 (orden 7), 125 (orden 5) y 75 (orden 3). Se ve claramente una progresión aritmética descendente de 50 en 50 en cada uno de los triángulos mágicos, lo que concuerda con el número central, 25, que podría considerarse como formando un cuadrado mágico de orden 1 y que seguiría la progresión. También, las casillas exteriores de cada uno de estos tres triángulos mágicos son 600 (orden 7), 400 (orden 5) y 200 (orden 3).

Utilizando los primeros 49 números naturales, dejando el 25 de lado, es posible formar 24 pares de números que suman 50. Estos pares están dispuestos en el cuadrado de manera simétrica, ya sea respecto a los ejes horizontal o vertical o a cualquiera de las dos diagonales principales. Esta disposición permite combinar los números en grupos cuya suma sea un múltiplo de 50, creando así configuraciones simétricas dentro del cuadrado. Mediante las parejas de números simétricas de estos ejes —horizontales y verticales, por un lado; y diagonales, por otro— se crean una gran variedad de figuras en los tres triángulos mágicos en las que todos los números suman 100:

- En el cuadrado mágico de orden 3:

28	21	26
23	25	27
24	29	22

28	21	26
23	25	27
24	29	22

- En el cuadrado mágico de orden 5:

13	14	31	32	35
30	28	21	26	20
33	23	25	27	17
34	24	29	22	16
15	36	19	18	37

13	14	31	32	35
30	28	21	26	20
33	23	25	27	17
34	24	29	22	16
15	36	19	18	37

13	14	31	32	35
30	28	21	26	20
33	23	25	27	17
34	24	29	22	16
15	36	19	18	37

13	14	31	32	35
30	28	21	26	20
33	23	25	27	17
34	24	29	22	16
15	36	19	18	37

- En el cuadrado mágico de orden 7:

49	48	11	46	6	12	3
7	13	14	31	32	35	43
8	30	28	21	26	20	42
45	33	23	25	27	17	5
9	34	24	29	22	16	41
10	15	36	19	18	37	40
47	2	39	4	44	38	1

49	48	11	46	6	12	3
7	13	14	31	32	35	43
8	30	28	21	26	20	42
45	33	23	25	27	17	5
9	34	24	29	22	16	41
10	15	36	19	18	37	40
47	2	39	4	44	38	1

49	48	11	46	6	12	3
7	13	14	31	32	35	43
8	30	28	21	26	20	42
45	33	23	25	27	17	5
9	34	24	29	22	16	41
10	15	36	19	18	37	40
47	2	39	4	44	38	1

49	48	11	46	6	12	3
7	13	14	31	32	35	43
8	30	28	21	26	20	42
45	33	23	25	27	17	5
9	34	24	29	22	16	41
10	15	36	19	18	37	40
47	2	39	4	44	38	1

49	48	11	46	6	12	3
7	13	14	31	32	35	43
8	30	28	21	26	20	42
45	33	23	25	27	17	5
9	34	24	29	22	16	41
10	15	36	19	18	37	40
47	2	39	4	44	38	1

49	48	11	46	6	12	3
7	13	14	31	32	35	43
8	30	28	21	26	20	42
45	33	23	25	27	17	5
9	34	24	29	22	16	41
10	15	36	19	18	37	40
47	2	39	4	44	38	1

Curiosamente este conjunto de combinaciones que suman 100 en los dos triángulos también tiene relación con el número de la lotería de Navidad, el 54713, ya que:

$$5^2 + 7^2 + 4^2 + 1^2 + 3^2 = 25 + 49 + 16 + 1 + 9 = 100$$

Por supuesto, uniendo varias de estas combinaciones se pueden obtener sumas de números que dan como resultado 200, 300 o 400 y cuya forma de cruz es aún más clara:

- Agrupaciones que suman 200:

49	48	11	46	6	12	3
7	13	14	31	32	35	43
8	30	28	21	26	20	42
45	33	23	25	27	17	5
9	34	24	29	22	16	41
10	15	36	19	18	37	40
47	2	39	4	44	38	1

49	48	11	46	6	12	3
7	13	14	31	32	35	43
8	30	28	21	26	20	42
45	33	23	25	27	17	5
9	34	24	29	22	16	41
10	15	36	19	18	37	40
47	2	39	4	44	38	1

49	48	11	46	6	12	3
7	13	14	31	32	35	43
8	30	28	21	26	20	42
45	33	23	25	27	17	5
9	34	24	29	22	16	41
10	15	36	19	18	37	40
47	2	39	4	44	38	1

49	48	11	46	6	12	3
7	13	14	31	32	35	43
8	30	28	21	26	20	42
45	33	23	25	27	17	5
9	34	24	29	22	16	41
10	15	36	19	18	37	40
47	2	39	4	44	38	1

49	48	11	46	6	12	3
7	13	14	31	32	35	43
8	30	28	21	26	20	42
45	33	23	25	27	17	5
9	34	24	29	22	16	41
10	15	36	19	18	37	40
47	2	39	4	44	38	1

49	48	11	46	6	12	3
7	13	14	31	32	35	43
8	30	28	21	26	20	42
45	33	23	25	27	17	5
9	34	24	29	22	16	41
10	15	36	19	18	37	40
47	2	39	4	44	38	1

- Agrupaciones que suman 300:

49	48	11	46	6	12	3
7	13	14	31	32	35	43
8	30	28	21	26	20	42
45	33	23	25	27	17	5
9	34	24	29	22	16	41
10	15	36	19	18	37	40
47	2	39	4	44	38	1

49	48	11	46	6	12	3
7	13	14	31	32	35	43
8	30	28	21	26	20	42
45	33	23	25	27	17	5
9	34	24	29	22	16	41
10	15	36	19	18	37	40
47	2	39	4	44	38	1

49	48	11	46	6	12	3
7	13	14	31	32	35	43
8	30	28	21	26	20	42
45	33	23	25	27	17	5
9	34	24	29	22	16	41
10	15	36	19	18	37	40
47	2	39	4	44	38	1

- Agrupaciones que suman 400:

49	48	11	46	6	12	3
7	13	14	31	32	35	43
8	30	28	21	26	20	42
45	33	23	25	27	17	5
9	34	24	29	22	16	41
10	15	36	19	18	37	40
47	2	39	4	44	38	1

49	48	11	46	6	12	3
7	13	14	31	32	35	43
8	30	28	21	26	20	42
45	33	23	25	27	17	5
9	34	24	29	22	16	41
10	15	36	19	18	37	40
47	2	39	4	44	38	1

49	48	11	46	6	12	3
7	13	14	31	32	35	43
8	30	28	21	26	20	42
45	33	23	25	27	17	5
9	34	24	29	22	16	41
10	15	36	19	18	37	40
47	2	39	4	44	38	1

Como puede verse, las posibilidades de este cuadrado mágico son múltiples. Se deja como posible ejercicio lector indagar más acerca de ellas.

1.8. Sator

En los cuadrados mágicos de letras, estas están dispuestas de manera que forman palabras cuando son leídas por filas y columnas. Un cuadrado muy conocido desde el año 79 de nuestra era, que fue encontrado en una columna de las ruinas de Pompeya, es el cuadrado llamado Sator:

S	A	T	O	R
A	R	E	P	O
T	E	N	E	T
O	P	E	R	A
R	O	T	A	S

El cuadrado, descrito por Plinio, está constituido por cinco palabras latinas dispuestas en cinco líneas, de tal forma que pueden leerse de izquierda a derecha o de derecha a izquierda y, verticalmente, de arriba abajo o de abajo arriba, sin que el orden, la naturaleza de las palabras o el sentido de lectura sean modificados.

En Roma, durante la Edad Media, este cuadrado era grabado en muchos utensilios, y dibujado encima de las puertas. Se creía que poseía propiedades mágicas y que, llevado puesto, protegía de los malos espíritus.

El cuadrado Sator es un tipo de crucigrama más que un cuadrado mágico. La frase latina «*SATOR AREPO TENET OPERA ROTAS*» ha sido interpretada de diversas maneras por paganos, cristianos, gnósticos y judíos. Las interpretaciones combinan tanto la simbología de la letra como el valor numérico atribuido. Aunque, literalmente, el texto no quiere decir nada, realizando algún que otro juego con las palabras se podría hacer una traducción aproximada del mismo en la frase: «El Creador tiene el funcionamiento del Universo en sus manos». Por la época en que se descubrió, así como por esta posible interpretación, se ha pensado que este cuadrado era un símbolo secreto de reconocimiento entre los cristianos.

1.9. Otros

1.9.1. Cuadrados con fichas de dominó

Aunque el verdadero origen del dominó no está claro, existen numerosos datos y anécdotas que respaldan ciertos hechos. Se presume que el dominó actual tiene sus raíces en el continente asiático, particularmente en China, donde se practicaba un juego similar al dominó moderno. Hace más de 1.500 años, este juego comenzó a ser registrado en los escritos de Zhou Mi (1232-1298) durante la dinastía Yuan en China.

Los documentos de Zhou Mi indicaban que durante el reinado del emperador Xiaozong de los Song, se comercializaban las llamadas «Pupai» junto con los dados. Estas Pupai eran placas o dominós utilizados para el entretenimiento en esa época. También existe un manual interpretado por Qu You sobre el dominó, aunque surgen dudas sobre si es auténtico o una falsificación.

Con el tiempo, los chinos empezaron a jugar con un conjunto de dominós tradicionales que constaba de 32 piezas o fichas. Este juego incluía variantes como Tien Gow o Che Deng para representar las tiradas de dados en el dominó. A diferencia del dominó occidental actual, las piezas no tenían caras blancas.

En el siglo XVIII, Occidente conoció el dominó con 28 piezas blancas con puntos negros, gracias a la introducción del juego por parte de los italianos en Europa. El Museo Nacional de Irak exhibe un juego similar al dominó elaborado en hueso que data del año 2.450 a.C., conocido como el juego de Caldea de Ur. Sin embargo, la fecha exacta de invención del dominó sigue siendo incierta y podría preceder incluso a su instauración en China.

Para historiadores y antropólogos, el Pupai chino que usaba dados es el referente histórico más relevante para el dominó. Lo cierto es que el dominó es un juego que ha evolucionado a lo largo del tiempo, adaptado por diversas culturas. Una de las primeras modificaciones fue la inclusión de fichas dobles blancas con una sola cara de color blanco, ya que inicialmente las fichas solo se numeraban del 1 al 6, sin el concepto del cero.

La difusión del dominó por Europa se inició en el siglo XVII, siendo Italia pionera, seguida de Francia, y estableciéndose en Inglaterra a finales de ese siglo. La colonización y migración europea hacia América contribuyeron a su propagación en el Caribe a principios del siglo XVIII.

En esa época, el juego de mesa del dominó era conocido en toda la región occidental y gran parte de América. Aunque hoy se cree que el dominó se inspira en los juegos de Pupai y dados chinos, ha experimentado cambios significativos con respecto a su forma original.

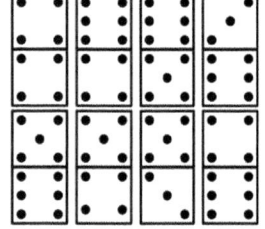

Estas ocho fichas de dominó dispuestas en forma de cuadro forman un cuadrado mágico:

—Ejercicio **15**

Aquí tienes un marco de dominó hecho con ocho fichas.

¿Podrías construir un marco con todas las fichas de dominó, de forma que la suma de sus lados fuese la misma? ¿Cuál debe ser el valor de dicha suma?

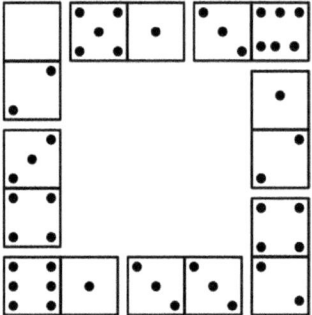

1.9.2. Cuadrados α - mágicos

Este cuadrado mágico tiene unas características muy curiosas.

5	22	18
28	15	2
12	8	25

Si utilizamos como idioma el inglés y sustituimos cada uno de los números del cuadrado por el número de letras de la palabra con la que se escribe dicho número en inglés, es decir, el 5 lo sustituiremos por el 4, ya que la palabra «*five*» tiene cuatro letras, el 22 lo sustituiremos por el 9, «*twenty two*» tiene nueve letras, y así sucesivamente, obtendríamos el siguiente cuadrado mágico:

4	9	8
11	7	3
6	5	10

Llamaremos *alfamágicos* a todos los cuadrados mágicos en el que el número de letras de los nombres de cada uno de los números del cuadrado formen, a su vez, otro cuadrado mágico. Estos cuadrados dependen totalmente del idioma utilizado.

Se ha presentado un cuadrado mágico que, a su vez, es alfamágico si utilizamos como idioma el inglés; en cambio, no sería alfamágico si el idioma utilizado fuese el castellano.

━ Ejercicio 16a

¿Serías capaz de construir un cuadrado alfamágico utilizando como idioma el castellano?

En 1986, el ingeniero electrónico Lee Sallows, perteneciente a la Universidad de Nijmegen, en Holanda, inventó los cuadrados alfamágicos. Nacido el 30 de abril de 1944, Sallows es reconocido por su destacada contribución a la matemática recreativa. Entre sus creaciones más notables se encuentran los cuadrados geomágicos, desarrollados en 2001.

Estos cuadrados difieren de los convencionales en que no contienen números, sino formas geométricas exclusivas. Cada forma en el cuadrado debe ser única, sin que existan simetrías o rotaciones que la conviertan en las demás. Al unir las filas, columnas o diagonales, siempre se revela la misma figura.

Se muestra un ejemplo de los cuadrados descritos anteriormente.

1.9.3. Cuadrados especiales

Hay cuadrados mágicos que pueden contener otro cuadrado mágico en su interior de orden inferior, por lo que son cuadrados mágicos dobles. Incluso se pueden construir algunos que contienen numerosos cuadrados mágicos en su interior. Estos son los llamados cuadrados mágicos concéntricos.

Se dice que un cuadrado mágico es concéntrico si al quitar las filas superior e inferior y las columnas izquierda y derecha, resulta otro cuadrado mágico.

Un ejemplo de este tipo de cuadrados es el que sigue:

LA MAGIA DE LOS NÚMEROS

40	1	2	3	42	41	46
38	31	13	14	32	35	12
39	30	26	21	28	20	11
43	33	27	25	23	17	7
6	16	22	29	24	34	44
5	15	37	36	18	19	45
4	49	48	47	8	9	10

31	13	14	32	35
30	26	21	28	20
33	27	25	23	17
16	22	29	24	34
15	37	36	18	19

26	21	28
27	25	23
22	29	24

En este ejemplo se puede observar cómo el primer cuadrado mágico de orden 7 contiene en su interior otros dos más que también lo son: uno de orden 5 y otro de orden 3, respectivamente.

Es posible construir cuadrados mágicos de orden 5 de forma que el centro sea un cuadrado mágico de orden 3. A continuación, se muestran dos de estos cuadrados.

19	4	21	18	3
20	16	9	14	6
2	11	13	15	24
1	12	17	10	25
23	22	5	8	7

30	8	9	27	26
29	23	16	21	11
12	18	20	22	28
15	19	24	17	25
14	32	31	13	10

━ Ejercicio 16b

Comprueba que los dos cuadrados anteriores son cuadrados concéntricos, y trata de construir algún otro.

Otro ejemplo de este tipo de cuadrados lo encontramos en El Pueyo de Jaca, un precioso pueblo del pirineo oscense en pleno valle de Tena, en la comarca aragonesa del Alto Gállego. En dicho pueblo hay una fachada decorada con hasta 10 cuadrados mágicos.

Si nos centramos en el que aparece con el número 7 en la fotografía,[2] nos daremos cuenta de que se trata de un cuadrado mágico de 5x5 que contiene en su interior otro cuadrado mágico de 3x3, es decir, un cuadrado mágico concéntrico.

1.10. Un universo mágico

Las propiedades que caracterizan a los cuadrados mágicos, aplicadas a otras figuras geométricas, dan lugar a las figuras extraordinarias: círculos, estrellas y polígonos sorprendentes configuran todo un universo mágico al que podemos viajar como turistas apreciando su belleza, recreándonos con sus propiedades y tomando todo aquello que creamos de interés para disfrutar de las matemáticas.

---

2 Imágenes tomadas de https://mikelgarcialarragan.blogspot.com/2021/08/los-cuadrados-magicos-de-el-pueyo-de.html

LA MAGIA DE LOS NÚMEROS

Algunas de las figuras que componen este universo mágico son los llamados círculos mágicos. Creados en el siglo XIII por el matemático chino Yang Hui durante la Dinastía Song (960-1279), los círculos mágicos son disposiciones de números naturales colocados en círculos, ya sea en disposiciones concéntricas o cuadradas. En estas formaciones, la

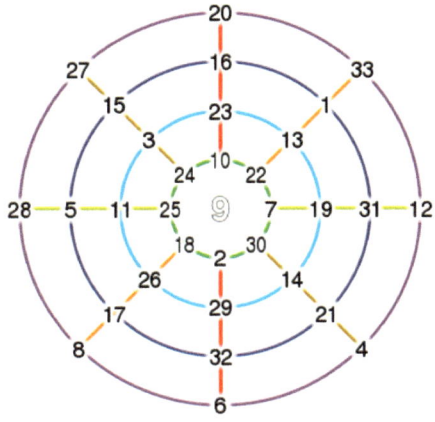

suma de los números a lo largo de cada diámetro y de cada círculo —o a lo largo de cada lado y diagonal en formaciones cuadradas—, incluyendo el centro si lo hay, es siempre la misma.

Los círculos mágicos de Yang Hui vieron la luz en su obra *Xugu Zhaiqi Suanfa* —continuación de su Extracto de maravillas matemáticas—, publicada en 1275. Este estudio presenta varias secuencias de círculos mágicos, algunos concéntricos y otros no, con disposiciones cuadradas. Algunos de ellos se muestran en las siguientes ilustraciones:[3]

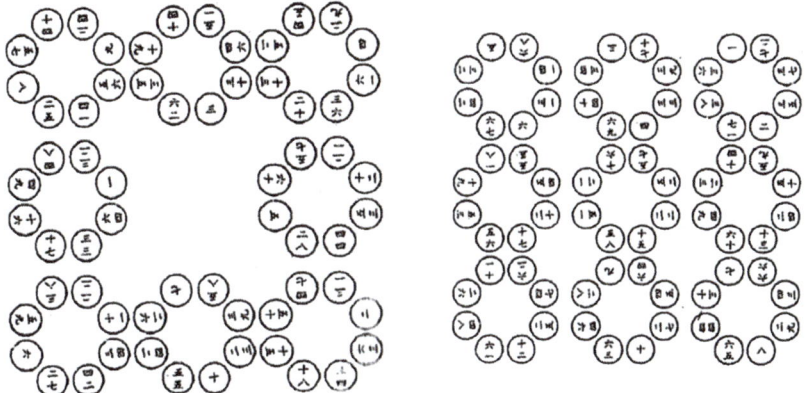

---

3 Imágenes tomadas de https://www.wikiwand.com/es/C%C3%ADrculo_m%C3%A1gico_ (matem%C3%A1ticas)

— Ejercicio 17

Coloca los números del 1 al 12 en las intersecciones de las siguientes cuatro circunferencias de la figura, de manera que los círculos sean mágicos.

— Ejercicio 18

Coloca los números del 1 al 12 en la siguiente estrella para que sea mágica, es decir, tienes que conseguir que la suma de los números las seis filas de cuatro posiciones que pueden formarse en línea recta sea la misma.

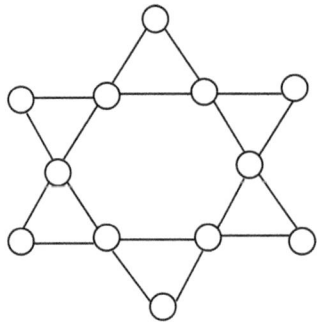

CAPÍTULO 2.
HISTORIAS Y
LEYENDAS MATEMÁTICAS

El amplio mundo de las matemáticas, más allá de ecuaciones y fórmulas que a veces pueden parecer muy abstractas y frías, también está lleno de historias y leyendas que han perdurado a lo largo del tiempo, dotando a este campo aparentemente riguroso de una riqueza narrativa única. En nuestro viaje a través de historias y leyendas matemáticas, nos sumergiremos en el fascinante universo donde los números cobran vida, los teoremas se convierten en protagonistas y las figuras geométricas danzan por la imaginación humana.

Estas aventuras no solo cumplen la función de enriquecer la comprensión de los conceptos matemáticos, sino que también han desempeñado un papel crucial en la transmisión de conocimiento a lo largo de las generaciones. Desde arcaicos misterios matemáticos que desafiaron a las mentes más brillantes de la antigüedad hasta las anécdotas modernas que revelan la esencia creativa de la resolución de problemas, las historias y leyendas matemáticas buscan explorar la intrincada conexión entre la lógica abstracta y las narrativas cautivadoras que han trascendido el tiempo.

En este capítulo se descubrirán algunos de los relatos que han dado forma a la percepción que tenemos de las matemáticas, revelando la manera en que estas historias han influido en la manera en que abordamos y apreciamos la belleza inherente de este fascinante campo del conocimiento. Desde episodios históricos hasta cuentos contemporáneos, nuestro objetivo es desentrañar los hilos de estas tramas intrigantes que han tejido un tapiz único en el extenso y a menudo sorprendente, universo de las matemáticas.

2.1. Laberintos

Los laberintos, desde tiempos inmemoriales, han capturado la imaginación de la humanidad, tanto en contextos lúdicos como en ámbitos más abstractos. En este apartado, aparecerán algunos de ellos. En estos, sus senderos y cruces se convierten en nodos y aristas, ofreciendo una nueva perspectiva para su estudio y resolución. Estos laberintos, lejos de ser simples pasadizos, se convierten en estructuras matemáticas complejas que permiten la aplicación de diversos principios y teoremas.

En definitiva, trataremos de sumergirnos en el apasionante viaje entre la diversión de perderse en un laberinto y la elegancia de las estructuras matemáticas, destacando cómo el razonamiento lógico y las herramientas matemáticas pueden arrojar luz sobre la intrincada maraña de caminos y elecciones que caracterizan a estos enigmáticos diseños.

2.1.1. La leyenda del minotauro

La mitología griega nos cuenta cómo el rey Minos, en Creta, mandó al arquitecto Dédalo, uno de los inventores más reconocidos de la mitología griega, construir un laberinto para encerrar en él a un terrible monstruo llamado Asterión y conocido como el minotauro, con cuerpo de hombre y cabeza de toro. El minotauro era hijo de la unión de la esposa de Minos, Pasífae, y el Toro de Creta, creado por Poseidón. Inicialmente, Poseidón había creado el Toro de Creta para que Minos pudiera sacrificarlo en su nombre, pero a Minos le pareció tan espléndido que decidió quedárselo. Poseidón, indignado, recurrió a Afrodita, la diosa del amor y la belleza femenina, para hacer que Pasífae se enamorara del Toro de Creta. Pasífae entonces recurrió a Dédalo de nuevo para que le construyera  una vaca de madera en la que ella pudiera entrar para poder yacer con el Toro de Creta. Esta fue la historia del nacimiento del Minotauro. Minos estaba enfurecido con Poseidón, pero no se atrevía a sacrificarlo por miedo a las represalias del dios, por lo que decidió encerrar al minotauro. A petición de Minos, Dédalo concibió una enorme residencia de largos y tortuosos corredores con falsas salidas que imposibilitarían la salida a todos los que se aventurasen a explorarla.

Minos, tras derrotar a los atenienses y aconsejado por el Oráculo de Delfos, ofreció en tributo a catorce jóvenes atenienses, cuyo destino fue servir al Minotauro —más bien morir a sus manos y ser devorados—. Teseo, hijo de Egeo, rey de los atenienses, pidió ser enviado a Creta, cuando se debía pagar por tercera vez el tributo.

Antes de ser encerrado en el laberinto con sus compañeros, Teseo conoció a Ariadna, hija de Minos, que se enamoró de él y decidió ayudarle dándole un ovillo de hilo. Le indicó que atara un extremo del hilo en la entrada del laberinto y que lo desenrollara a medida que avanzase. De este modo, Teseo pudo, después de matar al minotauro, retroceder sobre sus pasos para encontrar la puerta de salida del laberinto y, en ella, a la princesa. Después de esta hazaña, la pareja emprendió viaje de regreso en barco e hicieron escala en la isla de Naxos, donde Teseo, siguiendo el designio de los dioses, abandonó a Ariadna.

Cuenta también la leyenda que, como castigo por haber aconsejado a Ariadna, Dédalo y su hijo Ícaro fueron encerrados en el laberinto. Prisionero de su propia construcción, el arquitecto ideó un medio para escapar: con cera y plumas fabricó unas alas parecidas a las de las aves. Con ellas lograron huir, pero Ícaro, fascinado por la posibilidad de volar y desoyendo las advertencias de su padre, se acercó imprudentemente al sol y la cera se derritió. Las plumas se despegaron y, al perder las alas, el joven se precipitó al mar, donde murió.

2.1.2. Hampton Curt vs la Granja

El laberinto de Hampton Curt está considerado como el más antiguo de Gran Bretaña. Fue mandado construir en el año 1691 por el rey Guillermo III de Inglaterra, a unos 20 kilómetros al oeste de Londres y está formado por paseos de setos. En uno de los jardines del palacio del rey, los paseos tienen cerca de una milla de largo y en el centro del laberinto hay dos grandes árboles con bancos a los lados. El estudio matemático de este laberinto permitió elaborar un revolucionario programa informático capaz de manejar miles de permutaciones para diseñar complejos circuitos electrónicos.

En España, el Real Sitio de la Granja de San Ildefonso, designado como Conjunto Histórico Monumental, representa de manera excepcional el esplendor monárquico del siglo XVIII. En 1717, Felipe V, el primer monarca de la dinastía Borbón en España, quedó cautivado por este hermoso lugar. Tan profunda fue su fascinación, que decidió erigir un palacio y unos jardines adornados con esculturas y fuentes, evocando su infancia en la corte francesa de su abuelo, Luis XIV. La creación del Real Sitio de La Granja marcó un hito importante durante el reinado de Felipe V en la historia de los jardines españoles, siendo un destacado ejemplo del estilo formal francés que se difundió por toda Europa a finales del siglo XVII, gracias a las creaciones del renombrado jardinero francés André Le Nôtre, para Luis XIV, el célebre «Rey Sol».

Aunque todo el palacio es una maravilla, nos centramos en los jardines, especialmente en el laberinto,[4] concebido por el arquitecto francés René Carlier, quien lo diseñó, y en gran parte lo realizó, antes de su prematura muerte en 1722. En 1713, durante el reinado del decimocuarto monarca Borbón en España, Dezallier

---

4 Imágenes tomadas de https://matemolivares.blogia.com/2020/111701-el-laberinto-del-palacio-de-la-granja-segovia-.php

LA MAGIA DE LOS NÚMEROS

d'Argenville trazó el diseño del laberinto de los jardines de la Granja de San Ildefonso. Aunque de dimensiones más reducidas en comparación con el resto del parque, el laberinto se extiende en forma de rectángulo equivalente a cuatro campos de fútbol (222.5 por 122.5 metros), con 2.504 metros de senderos y 6.063 metros de setos de carpe y haya. Su diseño elegante, que combina líneas rectas y curvas, presenta una espiral central flanqueada por dos grupos de senderos que se doblan en ángulo recto y suelen culminar en callejones sin salida.

En este laberinto de «remolinos» se puede encontrar fácilmente al centro pero, una vez dentro, te sentirás atrapado y en constante lucha por encontrar la salida, lo que puede llevar bastante tiempo en conseguir.

2.1.3. Laberintos en iglesias y catedrales

En el mundo de la arquitectura eclesiástica, los laberintos en el suelo de iglesias y catedrales representan una fascinante intersección entre el arte, la espiritualidad y la historia. Estas intrincadas estructuras geométricas han adornado los espacios sagrados durante siglos, sirviendo como símbolos de peregrinación, meditación y reflexión.

Generalmente están formados por una serie de círculos concéntricos y, a veces, como en Amien,[5] por octágonos concéntricos. El centro del laberinto está suficientemente resaltado por un dibujo o adorno geométrico; y es el punto de intersección de dos ejes perpendiculares, que dibujan una cruz visible a través de los repliegues, a menudo muy sinuosos, de las líneas de los círculos. La mayoría están dibujados al comienzo de la nave central, y se presentan al visitante tan pronto como este franquea la puerta.

---

5 Imágenes tomadas de https://www.alamy.es/imagenes/labyrinth-amiens-cathedral.html?-sortBy=relevant

Su función parece ser de orden espiritual, lo cual viene avalado tanto por la tradición como por la propia estructura de los laberintos: la entrada en el laberinto es el nacimiento, y la salida, la muerte. Su recorrido es la vida, con sus dificultades y sus caminos tortuosos. El laberinto asume un significado religioso, como símbolo del accidentado itinerario del alma hacia Dios.

Los peregrinos medievales, incapaces de satisfacer su deseo de hacer un peregrinaje a Jerusalén, visitaban iglesias y catedrales europeas mucho más accesibles. En muchos casos, el final de su viaje era un laberinto de piedra situado en el suelo de estas iglesias. El centro de los laberintos representó probablemente para muchos peregrinos la ciudad santa, al estar Jerusalén situada de forma obligada en el centro del mundo, convirtiéndose así en la meta substituta del viaje.

Catedrales e iglesias góticas albergan grandes laberintos de baldosas. Los fieles los llamaban «camino de Jerusalén» y efectuaban simbólicamente la peregrinación a Tierra Santa, haciendo su recorrido de rodillas para hacer penitencia, que era recompensada por algunas indulgencias asociadas a esta práctica.

A continuación, se muestran algunos ejemplos sobresalientes de laberintos en iglesias y catedrales, repartidos a lo largo de toda la geografía mundial.

San Reparatus (Argelia)[6]   San Servacio (Holanda)[7]

---

6 Imagen tomada de https://anamariabrandolini.wordpress.com/2016/10/06/laberintos/
7 Imagen tomada de https://matemolivares.blogia.com/2016/070101-el-mosaico-geometri-co-del-laberinto-de-la-basilica-de-san-servacio-en-maastrich-holanda-.php

San Martino (Italia)[8]　　　　　　　　Saint Omer (Francia)[9]

Catedral de Colonia (Alemania)[10]　　　Sagrada Familia (Barcelona)[11]

2.1.4. Curvas de Jordan

Imagina que tienes una cuerda flexible y la colocas sobre una mesa formando una figura cerrada, como un círculo, un triángulo o un cuadrado. Desde el punto de vista de la topología, todas estas figuras son equivalentes porque puedes transformar una en otra estirando o encogiendo la cuerda, siempre y cuando no la cortes ni la pegues. Estas figuras se conocen como curvas de Jordan o curvas cerradas simples.

En el plano, una circunferencia es topológicamente equivalente a un triángulo, cuadrado o polígono regular y también lo es a cualquiera de las siguientes figuras:

8　Imagen tomada de https://www.lavanguardia.com/ocio/viajes/20180528/443663779781/ocho-catedrales-laberinto.html#foto-1
9　Imagen tomada de https://www.meisterdrucke.es/impresion-art%C3%ADstica/French-School/952899/Catedral-de-Saint-Omer-%28Norte-59%29%3A-Altar-y-laberinto..html
10　Imagen tomada de https://www.lavanguardia.com/ocio/viajes/20180528/443663779781/ocho-catedrales-laberinto.html#foto-4
11　Imagen tomada de https://blog.sagradafamilia.org/es/divulgacion/laberinto-de-la-sagrada-familia/

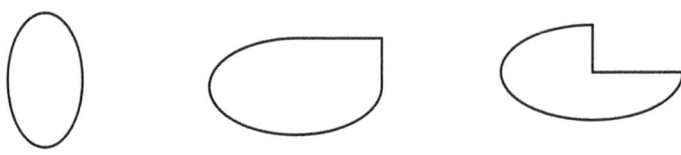

Una característica importante de estas curvas es que dividen el plano en dos regiones: una interior y una exterior. Esto significa que, si dibujas una curva de Jordan en una hoja de papel, podrás identificar claramente qué parte está dentro de la curva y qué parte está fuera. Además, estas curvas no se cortan a sí mismas, lo que las hace simples.

Para entender mejor este concepto, piensa en un laberinto. Aunque su recorrido puede parecer complicado, si el laberinto no tiene cruces ni intersecciones consigo mismo, podemos considerarlo una curva de Jordan. Este tipo de laberintos no solo son interesantes desde un punto de vista recreativo, sino que también tienen importancia en el estudio de la topología.

La topología es una rama de las matemáticas que se ocupa de las propiedades de los espacios que se conservan bajo deformaciones continuas, como estiramientos y torsiones, pero no roturas ni pegados. En este contexto, las curvas de Jordan juegan un papel crucial, ya que nos ayudan a entender cómo se pueden transformar y manipular diferentes figuras sin alterar sus propiedades fundamentales.

Por ejemplo, en la física e ingeniería, las curvas de Jordan pueden utilizarse para modelar y analizar sistemas que deben mantener ciertas propiedades bajo deformaciones, como en el diseño de materiales flexibles o en la simulación de fenómenos naturales. En informática, estas curvas pueden ser útiles en el procesamiento de imágenes y en la creación de gráficos por ordenador.

En resumen, las curvas de Jordan son un concepto fascinante que nos permite explorar y comprender mejor las propiedades intrínsecas de las figuras geométricas y su comportamiento bajo transformaciones continuas. Este conocimiento no solo es útil en matemáticas puras, sino que también tiene aplicaciones en diversos campos científicos y tecnológicos.

LA MAGIA DE LOS NÚMEROS

2.2. El número 12

El número 12 es uno de los más simbólicos y utilizados a lo largo de la historia. Doce son los meses del año según el calendario occidental, doce son los signos zodiacales, doce eran las tribus de Israel y doce apóstoles tenía Jesucristo. Junto con el tres y el siete, el doce es un número que aparece frecuentemente en diversas culturas y contextos.

En el siglo XVIII, el naturalista francés Georges-Louis Leclerc, conde de Buffon (1707-1788), propuso la adopción del sistema duodecimal, es decir, un sistema de numeración basado en el número doce. ¿Por qué? La razón es bastante simple: el número doce tiene más divisores que el diez. Si descartamos el 1 y el 12, nos quedan el 2, el 3, el 4 y el 6 como divisores. En cambio, el 10, descartando el 1 y el 10, solo tiene dos divisores: el 2 y el 5.

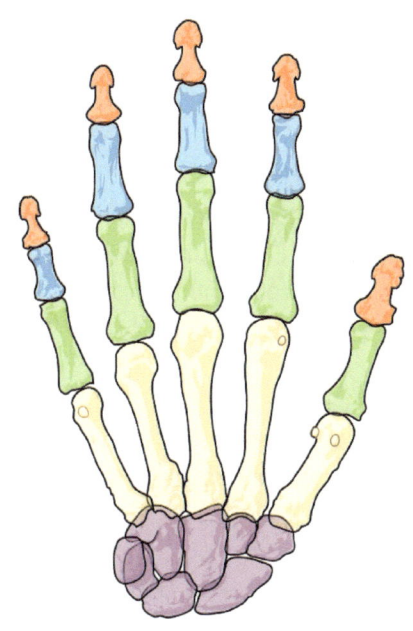

El origen del sistema duodecimal también está ligado a la anatomía humana. Si observamos nuestras manos, veremos que cada uno de los cuatro dedos (exceptuando el pulgar) tiene tres falanges, sumando un total de doce falanges por mano. Esto facilitaba el conteo y el cálculo en tiempos antiguos.

Aunque hoy en día utilizamos mayoritariamente el sistema decimal —de base diez—, todavía quedan vestigios del sistema duodecimal en nuestra vida cotidiana. Por ejemplo, en lugar de decir «doce», a menudo usamos la palabra «docena». Muchos objetos, como cuchillos, tenedores, platos y pañuelos, suelen contarse por docenas y no por decenas. Las vajillas, por ejemplo, generalmente están diseñadas para 12 o 6 personas, y rara vez para 10 o 5.

Hace algunas décadas, especialmente en el mundo del comercio, era común utilizar la palabra «gruesa» para referirse a doce docenas (144 unidades). La docena de gruesas, es decir, 1728 unidades, se llamaba «masa». Aunque hoy en día estas palabras son menos comunes, todavía son un testimonio del uso histórico del sistema duodecimal.

Los ingleses han conservado algunos vestigios del sistema duodecimal en su sistema de medidas y en su sistema monetario. Por ejemplo, en el sistema de medidas, una pulgada se divide en 12 partes, y en el sistema monetario antiguo, un chelín equivalía a 12 peniques.

▬ Ejercicio 19

Investiga cómo se utilizaba el sistema duodecimal en tiempos antiguos. ¿Qué ventajas tenía sobre el sistema decimal?

▬ Ejercicio 20

Observa tus manos y cuenta las falanges de tus dedos (excluyendo los pulgares). Dibuja una mano y marca las falanges para visualizar cómo se relaciona con el número 12.

▬ Ejercicio 21

¿Por qué crees que el número 12 ha mantenido su relevancia a lo largo de la historia y en diferentes culturas?

2.2.1. La cuerda de doce nudos

En el antiguo Egipto, el río Nilo jugaba un papel crucial en la vida cotidiana. Cada año, sus aguas inundaban los campos de cultivo situados en sus orillas, destruyendo las divisiones cuidadosamente trazadas por los propietarios de esas tierras. Esta inundación anual, aunque beneficiosa para la fertilidad del suelo, obligaba a los agrimensores egipcios a redefinir los límites de cada propiedad una vez que las aguas retrocedían.

Para llevar a cabo esta tarea, los egipcios utilizaban una herramienta ingeniosa: una cuerda con doce nudos equidistantes. Esta cuerda no solo era práctica, sino que también tenía un significado sagrado. Con ella, los agrimensores podían dibujar en el suelo triángulos rectángulos con lados de 3, 4 y 5 unidades. Este triángulo, conocido hoy en día como el triángulo de Pitágoras, era fundamental para trazar ángulos rectos con precisión.

El uso de la cuerda de 12 nudos no se limitaba a la agrimensura. Los arquitectos egipcios también la empleaban para diseñar y construir sus edificios, asegurándose de que los ángulos fueran perfectos. De esta manera, la cuerda de 12 nudos se convirtió en una herramienta esencial tanto en la agricultura como en la arquitectura del antiguo Egipto.

Además de su utilidad práctica, la cuerda de 12 nudos tenía un simbolismo profundo. Los egipcios consideraban el triángulo rectángulo formado por esta cuerda como un símbolo sagrado, asociado con la estabilidad y el orden. Este simbolismo se reflejaba en la construcción de templos y pirámides, donde la precisión geométrica era de suma importancia.

En resumen, la cuerda de 12 nudos es un ejemplo fascinante de cómo los antiguos egipcios combinaban la ciencia y la espiritualidad en su vida diaria. Su capacidad para medir y construir con precisión, utilizando herramientas simples pero efectivas, es un testimonio de su ingenio y conocimiento avanzado en matemáticas y geometría.

2.3. El Arenario

Arquímedes fue uno de los más grandes científicos y matemáticos de todos los tiempos. Al final de su vida, jugó un papel crucial en la defensa de su ciudad natal, Siracusa, durante el asedio romano. Utilizando su ingenio, diseñó armas de guerra como catapultas y sistemas de espejos para incendiar naves enemigas, logrando retrasar significativamente la conquista de la ciudad.

A pesar de sus esfuerzos, Siracusa finalmente cayó en manos del general romano Marcelo. Trágicamente, Arquímedes murió atravesado por la espada de un soldado, a pesar de que Marcelo había dado órdenes explícitas de respetar su vida.

En su obra *El Arenario*, se dirige al Rey Gelón con una afirmación intrigante: «Existen algunos, Rey Gelón, que creen que el número de granos de arena es infinito en multitud». Esta declaración inicial plantea una cuestión fascinante sobre la magnitud y el infinito.

Continúa explicando que, aunque algunos no consideran que el número de granos de arena sea infinito, creen que no existe un número lo suficientemente grande como para superar tal cantidad. En otras palabras, cualquier número que intentara expresar la magnitud de los granos de arena sería superado por la cantidad real de arena existente.

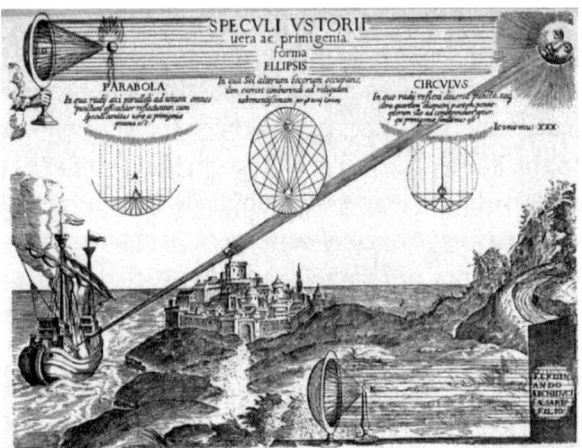

Grabado de Athanasius Kircherg que muestra el uso de los espejos de Arquímedes[12]

Sin embargo, se propone demostrar, mediante razonamientos geométricos, que es posible nombrar números que no solo superen la cantidad de arena equivalente a la masa de la Tierra, sino también a la masa del Universo entero. Y lo hace en unas ocho páginas llenas de cálculos y demostraciones.

Es importante aclarar que Arquímedes no calculó la cantidad exacta de granos de arena en el Universo. En cambio, determinó cuántos granos de arena serían necesarios para llenar todo el espacio del Universo que él conocía si estuviera completamente lleno de arena. En un mundo finito, no puede haber un número infinito de granos de arena, pero ¿cuál sería el límite?

El Arenario es una obra epistolar que contiene importantes trabajos de Arquímedes en aritmética. En ella, introduce un sistema numérico, el «contador de arena», que permitiría contar los granos de arena necesarios para llenar el Universo. Después de demostrar que en el interior de una semilla de amapola podían caber 10.000 granos de arena, Arquímedes se propuso determinar el orden de magnitud de los granos que llenarían el Universo. En su concepción, el Universo consistía en una esfera con origen en el centro de la Tierra y cuyo radio era la distancia

---

12 Imagen tomada de https://www.businessinsider.es/chico-13-anos-crea-rayo-muerte-arquimedes-1368371

de la Tierra al Sol. Estimó que el diámetro del Universo era menor que diez millones de estadios, lo que equivale a 180.000 kilómetros.

En la Antigua Grecia, el número más alto para el que tenían un nombre era 10.000, al que llamaban μυριος (murious), que significaba «incontable» y también se usaba para referirse al «infinito». Los romanos adoptaron esta palabra como «miríada», y así es como la conocemos hoy.

La muerte de Arquímedes (Edouard Vimont, 1846-1930)[13]

Para realizar estos cálculos inmensos, Arquímedes tuvo que inventar lo que ahora conocemos como exponentes o potencias. Partiendo de la miríada, introdujo una nueva clasificación de números. Los números de «primer orden» eran aquellos que llegaban a una miríada de miríadas, es decir, 10.000 x 10.000 = 100 millones (10^8). Los números de «segundo orden» iban de ahí a 100 millones x 100 millones, es decir, $(10^8)^2$. Los de «tercer orden» llegaban hasta $(10^8)^3$, y así sucesivamente.

Entonces, ¿qué orden de números se necesitaba para calcular la cantidad de granos de arena que cabrían en el Universo? Según los cálculos de Arquímedes, se necesitaban números del octavo orden, es decir, $(10^8)^8 = 10^{64}$. Esto equivale a un número con 64 ceros:

10.000.000.000.000.000.000.000.000.000.000.000.000.000.000.000.000.000.000.000.000.000.

_____
13 Imagen tomada de https://www.madrimasd.org/blogs/matematicas/2021/12/08/149553

Nadie podía discutir la magnitud de este número. Arquímedes había creado una cifra tan grande que era altamente improbable que se necesitara una mayor para contar algo en el Universo tal como él lo imaginaba.

— Ejercicio 22
Arquímedes, en su obra *El Arenario*, calculó el número de granos de arena que serían necesarios para llenar todo el universo. ¿Sabrías decir qué cantidad obtuvo?

2.4. El problema del ganado

El problema del ganado es un problema matemático propuesto por Arquímedes en el siglo III a. C. Su enunciado dice así:

El dios Sol tenía un rebaño formado por un cierto número de toros blancos, negros, moteados y amarillos, así como vacas de los mismos colores. De tal forma que:

- El número de toros blancos es la mitad y la tercera parte de los negros más los amarillos.
- El número de toros negros es igual a la cuarta más la quinta parte de los moteados más los amarillos.
- El número de toros moteados es igual a la sexta más la séptima parte de los blancos más los amarillos.
- El número de vacas blancas es igual a un tercio más un cuarto de la suma de los toros negros y las vacas negras.
- El número de vacas negras es igual a la cuarta parte más la quinta parte de la suma de los toros moteados más las vacas moteadas.
- El número de vacas moteadas es igual a la quinta más la sexta parte de la suma de los toros amarillos más las vacas amarillas.
- El número de vacas amarillas es igual a la sexta más la séptima parte de la suma de los toros blancos más las vacas blancas.

¿Cuál era la composición de la manada?

Este problema fue descubierto en un manuscrito griego consistente en un poema de 44 líneas. Está dirigido a Eratóstenes y a los matemáticos de Alejandría. Arquímedes los reta a contar el número de reses en la manada Pondría dios Sol. Para ello, deberán resolver de forma simultánea un número determinado de ecuaciones diofánticas.[14]

También se puede plantear una versión más complicada del problema que consiste en añadir dos restricciones: 1) que el número de toros blancos y negros sea un número cuadrado;[15] y 2) que el número de toros moteados y marrones sea un número triangular.[16]

El «Problema del Ganado de Arquímedes» es un ejemplo fascinante de cómo las matemáticas antiguas pueden plantear desafíos que perduran a lo largo de los siglos. La solución del problema requiere no solo una comprensión profunda de las ecuaciones diofánticas, sino también una gran habilidad para manejar números grandes y complejos. Las restricciones de los números cuadrados y triangulares añade una capa adicional de dificultad, haciendo que el problema sea aún más intrigante para los matemáticos.

Los matemáticos no llegaron a dar una respuesta aproximada a este problema hasta 1880. En 1965 con la ayuda de un ordenador, los matemáticos canadienses Hugh C. Williams, R. A. German y C.R. Zarnke fueron los primeros en hacer un cálculo más preciso.

2.5. ¡Eureka!

La célebre exclamación de «¡Eureka!» de Arquímedes es una de las palabras más conocidas de la historia de la ciencia. Este destacado matemático e inventor de la antigua Grecia realizó un descubrimiento crucial mientras se encontraba tomando un baño.

El rey Hierón II de Siracusa sospechaba que su corona, que debía ser de oro puro, había sido adulterada con otros metales. Sin embargo, no quería destruir la corona para comprobarlo y encargó a Arquímedes la tarea de resolver este enigma sin dañar la corona.

---

14   Una ecuación diofántica es una ecuación algebraica en la que buscamos soluciones que sean números enteros. Estas ecuaciones pueden tener una o más variables y sus coeficientes también son números enteros. Un ejemplo sencillo es la ecuación $3x + 4y = 5$, donde buscamos valores enteros para (x) e (y) que hagan que la ecuación sea cierta.

15   Un número cuadrado es un entero que se obtiene al multiplicar otro entero por sí mismo. Su raíz cuadrada es un número natural y puede disponerse en una figura cuadrada.

16   Es un número que se puede representar como un triángulo equilátero. Se obtiene sumando los primeros n números naturales. Por ejemplo, el número triangular 6 se forma sumando $1 + 2 + 3$. Visualmente, puedes imaginarlo como puntos dispuestos en forma de triángulo.

Un día, mientras Arquímedes se sumergía en su bañera, notó que el nivel del agua subía. Se dio cuenta de que la cantidad de agua desplazada era igual al volumen de su cuerpo sumergido. Este fue el momento de inspiración que lo llevó a comprender cómo podía determinar la pureza de la corona del rey.

Arquímedes comprendió que podía sumergir la corona en agua y medir el volumen de agua desplazada. Luego, comparando este volumen con el peso de la corona, podría determinar si estaba hecha de oro puro o si contenía otros metales menos densos. Este principio, conocido hoy como el Principio de Arquímedes, establece que un cuerpo sumergido en un fluido experimenta una fuerza de empuje hacia arriba igual al peso del fluido desplazado.

Arquímedes bañándose y observando la corona de oro[17]

Además de este descubrimiento, Arquímedes hizo numerosas contribuciones a la ciencia y la ingeniería. Calculó el valor aproximado del número Pi, diseñó sistemas de poleas que permitían levantar objetos pesados con facilidad, y formuló la primera explicación rigurosa del funcionamiento de la palanca. Su famosa frase «Dadme un punto de apoyo y moveré el mundo» refleja su comprensión profunda de los principios mecánicos.

---

17   Imagen tomada de https://www.nationalgeographic.com.es/ciencia/arquimedes-y-primer-momento-eureka_21535

2.6. La leyenda del ajedrez

El ajedrez, juego milenario lleno de estrategia y táctica, tiene sus orígenes en una fascinante leyenda. Se dice que fue inventado por un humilde sacerdote, el joven brahmán Lahur Sessa. Su creación llegó a oídos de un rey indio, quien quedó tan impresionado que le ofreció a Lahur cualquier recompensa que deseara.

Lahur, con astucia, pidió algo que parecía muy modesto: granos de trigo. Pero no cualquier cantidad, sino una que se calculara de la siguiente manera: un grano por la primera casilla del tablero de ajedrez, dos granos por la segunda, cuatro por la tercera, ocho por la cuarta, y así sucesivamente, duplicando la cantidad en cada casilla hasta llegar a la última, la número 64.

El rey, pensando que era una petición insignificante, ordenó a sus contables que calcularan la cantidad de trigo necesaria. Para su sorpresa, los contables regresaron con la noticia de que no podían cumplir con la demanda, ya que la cantidad de trigo requerida era astronómica, mucho más de lo que el reino podía producir.

━ Ejercicio 23

¿Cuántos granos de trigo había pedido Lahur?

Pero la historia no termina ahí. Ante la imposibilidad de pagar, el rey consultó a su visir, conocido por ser el hombre más inteligente e ingenioso del reino. El visir propuso una solución aún más ingeniosa: en lugar de pagar solo la suma de los 64 primeros términos, sugirió considerar un tablero de ajedrez con infinitas casillas.

Para calcular exactamente los granos de trigo que tendría que pagar, el visir realizó un cálculo matemático. Llamó S a la suma de los infinitos granos de trigo del tablero infinito:

$$S=1+2+4+8+16+...$$

Luego multiplicó esta suma por 2, obteniendo

$$2S=2+4+8+16+32+...$$

al restar la primera ecuación de la segunda, es decir,

$$2S-S= (2+4+8+16+...) - (1+2+4+8+16...)$$

Es muy fácil darse cuenta de que los términos de la primera parte se anulan con los de la segunda, ignorando el -1 inicial. Por tanto, el resultado fue sorprendente:

$$S=-1$$

Según estos cálculos, Lahur Sessa debería pagar un grano de trigo al rey.

Esta leyenda no solo destaca la inteligencia y la astucia de Lahur Sessa, sino también la belleza de las matemáticas y cómo pueden sorprendernos con resultados inesperados.

— **Ejercicio 24**
¿Cómo explicarías esto? ¿Hay algún error o trampa en las cuentas del visir?

2.7. Las matemáticas y el fin del mundo

El matemático Édouard Lucas, cuando creó el juego «La torre de Hanoi», difundió la siguiente historia:

En el gran templo de Benarés, bajo la cúpula que señala el centro del mundo, reposa una bandeja en la que están plantadas tres agujas de diamante, más finas que el cuerpo de una abeja. En el momento de la creación, Dios colocó en una de las agujas 64 discos de oro puro, ordenados por tamaños, desde el mayor, que reposa sobre la bandeja, hasta el más pequeño, en lo más alto del montón. Es la torre de Brahma. Incansablemente, día tras día, los sacerdotes del templo mueven los discos haciéndolos pasar de una aguja a otra, de acuerdo con las leyes fijas e inmutables de Brahma, que dictan que el sacerdote en ejercicio no mueva más de un disco a la vez, ni lo sitúe encima de un disco de mayor tamaño. El día en que los 64 discos hayan sido trasladados de la aguja en la que Dios los puso al crear el mundo a otra aguja, ese día la torre, el templo y todos los brahmanes se derrumbarán, quedando reducidos a cenizas y, con gran estruendo, el mundo desaparecerá.

Ahora, surge una pregunta interesante: ¿cuántos movimientos necesitarían los sacerdotes para trasladar todos los discos de una aguja a otra? La solución a este problema es $2^{64}-1$ movimientos, una cifra astronómica.

Para ponerlo en perspectiva, si los sacerdotes tardaran 1 segundo en hacer cada movimiento, necesitarían aproximadamente 585 mil millones de años para completar la tarea. Esto es mucho más tiempo del que ha existido el universo, que tiene unos 13.8 mil millones de años.

En el año 1883, y basándose en esta historia, el matemático francés Édouard Lucas d'Amiens (1842-1891) presentó al mundo un ingenioso juego o puzle matemático que rápidamente capturó la imaginación de muchos. Este juego, conocido hoy como «Torres de Hanoi», no solo se ha convertido en un clásico entre los rompecabezas matemáticos, sino que también se utiliza ampliamente en la enseñanza de conceptos de algoritmos y recursión. Actualmente, el juego está co-

mercializado y disponible en diversas formas, desde versiones físicas con discos y agujas hasta aplicaciones digitales, manteniendo su popularidad y relevancia a lo largo de los años.

2.8. Paradojas del infinito

El matemático nacido ruso y nacionalizado alemán Georg Cantor (1845-1918) definió un conjunto finito como aquel donde es posible establecer una correspondencia biunívoca entre él y un conjunto del tipo {1, 2, ..., n}, siendo n un número natural. Esto quiere decir que un conjunto es finito si podemos emparejar todos los elementos de nuestro conjunto con otro. Por ejemplo, el conjunto de los números naturales mayores que 7 y menores que 13 es finito, ya que se trata del conjunto {8, 9, 10, 11, 12} y podemos emparejar sus componentes con los del conjunto {1, 2, 3, 4, 5}. Si no pudiéramos hacer esto, es decir, si no fuéramos capaces de emparejar todos los elementos de un conjunto con otro conjunto de *n* elementos, siendo *n* un número natural, esto quiere decir que tiene infinitos elementos, o que es un conjunto infinito. Este principio rompe con uno de los más famosos enunciados de Euclides: *El todo es mayor que cada una de las partes*. Sin embargo, es fácil demostrar que, en el conjunto de los números naturales, una de las partes es tan grande como el todo. Por ejemplo, podemos establecer una correspondencia biunívoca entre los números naturales y los números pares simplemente multiplicando cada número natural por 2. Así, a cada número natural (n) le corresponde el número par (2n) y estos conjuntos tendrían «los mismos elementos».

Cantor demostró que los números pares, los números impares, los naturales y los racionales eran todos ellos conjuntos numerables y, por tanto, podemos decir que tienen el mismo número de elementos. Matemáticamente, los conjuntos numerables se definen como aquellos para los que existe una norma que permite colocarlos en orden sin que quede ninguno por listar. La numerabilidad de los números racionales, que posiblemente sea la más complicada de entender, puede demostrarse geométricamente simplemente situándose en un eje de coordenadas y representando las fracciones como los puntos (con la coordenada *x* para el numerador y la *y* para el denominador) y siguiendo una espiral ordenada, como muestra la siguiente imagen.

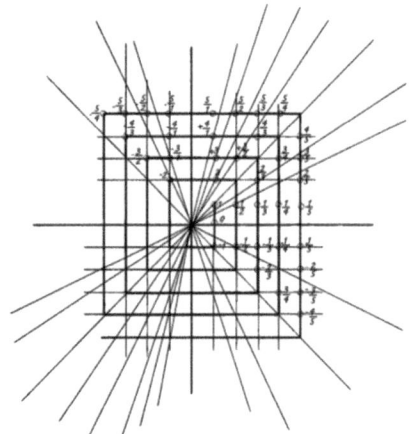

Cantor denominó $\aleph_0$ (Aleph 0) al número de elementos de este tipo de conjuntos infinitos. A $\aleph_0$ se le denomina también el número transfinito más pequeño, siendo un número transfinito el término que adjudicó Cantor a los números ordinales infinitos que son mayores que cualquier número natural. También demostró que no se puede establecer una correspondencia biunívoca entre los conjuntos anteriores y el conjunto de los números reales, que no es numerable. Así pues, este tipo de conjuntos infinitos tendría otro número de elementos, mayor que $\aleph_0$, que se denomina $\aleph_1$ (Aleph 1). Cantor demostró que el conjunto de los números reales tenía «más elementos» que los números enteros —si bien ninguno de los dos conjuntos es finito, ambos diferían en su grado de «infinidad»—. Esto plantea un problema matemático aún no resuelto: ¿son todos los infinitos iguales, o bien hay unos más grandes y otros más pequeños? Con esta pregunta, nacieron las matemáticas del transfinito.

Las matemáticas del transfinito encontraron, en su momento, fuertes resistencias para ser aceptadas. Muchos matemáticos de la época consideraban estas ideas como demasiado abstractas y alejadas de la realidad matemática convencional. Hoy en día, aunque existe aún cierta separación entre estas matemáticas y las «convencionales», las teorías de Cantor han sido ampliamente aceptadas y estudiadas. En cualquier caso, con las teorías de Cantor, el infinito ha dejado de ser «algo irracional» para convertirse en un objeto de la lógica con el que podemos trabajar. Esto ha permitido avances significativos en diversas áreas de la matemática y ha abierto nuevas vías de investigación en la teoría de conjuntos y más allá.

2.8.1. El hotel infinito de Hilbert

El hotel infinito de Hilbert es una construcción abstracta inventada por el matemático alemán David Hilbert (1862-1943). Esta paradoja explica, de manera simple e intuitiva, hechos paradójicos relacionados con el concepto matemático de infinito. Imagina un hotel con infinitas habitaciones numeradas: 1, 2, 3, 4, 5, etc. El gerente del hotel está muy contento porque todas las habitaciones están ocupadas. Un buen día, todos los habitantes de Asia deciden irse de vacaciones a este

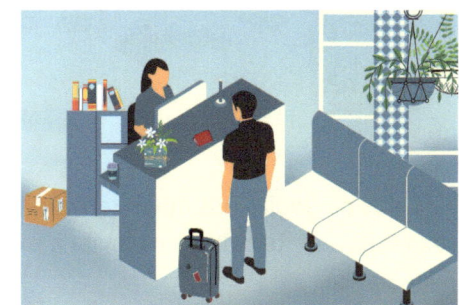

hotel. El gerente se preocupa, pensando que no habrá espacio suficiente para tanto turista. Sin embargo, el recepcionista, que ha estudiado matemáticas durante el invierno, tiene una solución ingeniosa. Propone que cada huésped se mude a la habitación cuyo número sea el doble de la que tenía asignada. Así, todas las habitaciones impares quedan libres. De esta manera, los antiguos huéspedes siguen alojados y hay espacio suficiente para, no solo todos los millones de asiáticos, sino para todos los habitantes del universo.

Este ejemplo nos lleva a reflexionar sobre el concepto del infinito, un tema que ha fascinado a matemáticos y filósofos durante siglos. Zenón de Elea (490-430 a. C.), por ejemplo, formuló paradojas sobre el tiempo y el espacio jugando con la idea del infinito. Una de sus paradojas más famosas es la del corredor: supongamos que un atleta inicia una carrera. Antes de llegar a la meta, debe pasar por una serie infinita de puntos intermedios. Según Zenón, esto significa que el corredor nunca podría llegar a la meta, ya que tendría que recorrer un número infinito de subdivisiones en un tiempo finito, lo cual parece absurdo. Esta paradoja nos lleva a la conclusión de que el movimiento es imposible, desafiando nuestro sentido común.

Otra paradoja fascinante es la del teorema de Banach-Tarski. Imaginemos que tenemos una bola maciza, como una canica. Este teorema nos dice que podemos dividir esta esfera en un número finito de partes y, tras aplicar ciertos movimientos rígidos, formar una esfera del tamaño del Sol. Aunque esto parece imposible, ya que la suma de cada trozo debería dar el volumen de la bola inicial y no podría duplicarse, estamos hablando de esferas «matemáticas» que no tienen volumen en el sentido físico. Por lo tanto, no se les aplican las leyes de la física, como el principio de conservación de la materia.

Estas paradojas nos muestran que el infinito es un concepto que desafía nuestra intuición y nos invita a explorar los límites de la lógica y la matemática.

2.8.2. La biblioteca de Babel

La biblioteca de Babel no es simplemente un depósito de libros, es un universo en sí mismo. En esta biblioteca se encuentran todos los libros posibles, escritos o no escritos. Imagina una biblioteca con infinitos libros, donde cada libro puede generar otro más largo simplemente añadiendo una palabra. Este concepto nos lleva a la idea de infinitud en la literatura.

Jorge Luis Borges, en su relato, nos presenta un universo compuesto por salas hexagonales que se extienden hasta el infinito. Estas figuras geométricas representan la vastedad y complejidad del conocimiento humano. Si la biblioteca es infinita, cualquier intento de reducir su contenido a algo manejable por el ser humano se vuelve insignificante. Esto nos lleva a reflexionar sobre lo infinitamente grande y lo infinitamente pequeño. Por ejemplo, entre los números 0 y 1 podemos encontrar fracciones como 1/2, 1/3, 1/4, y así sucesivamente. Cada fracción es mayor que 0 pero menor que 1, y podemos continuar dividiendo indefinidamente. Este intervalo (0, 1) nos ayuda a visualizar el concepto del infinito.

En *La biblioteca de Babel*, el narrador busca el «catálogo de catálogos», un libro que contenga todos los catálogos. Pero ¿puede existir tal libro? Si el catálogo de todos los catálogos es A y contiene los catálogos de los libros incluidos en la biblioteca A_1, A_2, ..., An, nos encontramos con un problema: el catálogo A no está catalogado. Para solucionarlo, necesitaríamos un catálogo B que incluya a A, pero entonces  ces B no estaría catalogado. Esto nos lleva a la necesidad de un catálogo C, y así sucesivamente, en un ciclo infinito.

El relato de Borges concluye con la afirmación: «La biblioteca es ilimitada y periódica». Esto nos recuerda que hay infinitos números que pueden ser expresados como números decimales periódicos, pero también hay infinitos números que no tienen esta característica, conocidos como números irracionales. *La biblioteca de Babel*, con su estructura infinita y su contenido ilimitado, nos invita a explorar los límites del conocimiento y la lógica, desafiando nuestra comprensión del infinito.

«…hay un concepto que es el corruptor y el desatinador de los otros. No hablo del Mal cuyo ilimitado imperio es la ética: hablo del infinito»

Jorge Luis Borges

2.8.3. Otras paradojas

Las paradojas han sido una parte fascinante de las matemáticas desde sus inicios, desempeñando un papel crucial en la formulación más precisa de sus teoremas. El término «paradoja» proviene del griego *«para»* (más allá) y *«doxos»* (creíble), lo que sugiere algo que desafía nuestras expectativas y creencias.

Para muchos, una paradoja es una afirmación que puede ser verdadera y falsa al mismo tiempo, encapsulando una contradicción en su esencia. Las paradojas matemáticas no solo han sido intrigantes, sino que también han impulsado el desarrollo y la fundamentación de muchas teorías matemáticas.

A lo largo de la historia, han surgido paradojas de tipo semántico y lógico que han generado intensos debates entre los matemáticos. Estas discusiones alcanzaron un punto álgido a finales del siglo XIX, cuando la escuela formalista, liderada por David Hilbert, se enfrentó a una crisis debido a la necesidad de fundamentar las matemáticas de manera más rigurosa.

En las próximas secciones se describirán varias paradojas matemáticas interesantes.

La paradoja del mentiroso

Epiménides (S. VI a. C.), filósofo cretense, declaró que «todos los cretenses son mentirosos». Si Epiménides, siendo cretense, decía la verdad, entonces su afirmación de que todos los cretenses mienten sería cierta, lo que implicaría que él mismo no miente, siendo cretense, y se supone que todos los cretenses mienten. Pero si no miente, entonces su afirmación de que todos los cretenses son mentirosos no es verdadera, lo que significa que su afirmación es cierta. Entonces, ¿decía la verdad o mentía?

La paradoja del Quijote

En el libro *El ingenioso hidalgo Don Quijote de la Mancha*, mundialmente conocido de Miguel de Cervantes (1547-1616), se describe una paradoja muy interesante. Esta aparece en la ínsula de Barataria cuando Sancho

Panza pasa a ser gobernador de la isla. Se cuenta que existía una ley peculiar que todos los viajeros que llegaban a la ínsula de Barataria debían conocer. Al llegar a las murallas de la isla, el guardia les preguntaba: «¿A qué vienes aquí?». Si el viajero decía la verdad, se le permitía entrar libremente; pero si mentía, era condenado a la horca.

Un día, un viajero de aspecto cansado y ropas desgastadas llegó a la isla. Al encontrarse con el guardia, declaró con voz firme: «He venido para ser ahorcado». El guardia quedó perplejo ante tal respuesta, pues si no lo ahorcaba, el viajero habría mentido y, por lo tanto, debería ser castigado. Pero si lo ahorcaba, entonces habría dicho la verdad y no merecería tal destino.

Confundido y sin saber qué hacer, el guardia decidió llevar al viajero ante el anterior gobernador de la isla, un hombre sabio y justo. El gobernador escuchó atentamente el dilema y, tras reflexionar, dijo: «No importa lo que decida, romperé la ley. Así que seré misericordioso y dejaré libre a este hombre». Y así, el viajero fue liberado, agradeciendo la clemencia del gobernador.

Sancho, conocido por su sentido común y su buen corazón, juró respetar todas las leyes de la isla, aunque sabía que algunas de ellas podían ser bastante complicadas. Con el tiempo, Sancho Panza demostró ser un gobernador justo y sabio, resolviendo los problemas de la isla con ingenio y compasión. Y aunque la ley del guardia seguía siendo un enigma, Sancho siempre encontraba una manera de actuar con justicia y humanidad, recordando la lección del viajero que vino para ser ahorcado.

La paradoja del barbero

Esta paradoja se atribuye al genial matemático Bertrand Russell (1872-1970), que fue ganador del Premio Nobel de Literatura. La paradoja dice lo siguiente: en un pequeño y pintoresco pueblo vivía un barbero llamado Tomás. Tomás era conocido por su habilidad con la navaja y por una regla muy peculiar que seguía al pie de la letra: él solo afeitaba a los hombres del pueblo que no se afeitaban a sí mismos. Si un hombre se afeitaba a sí mismo, Tomás no lo tocaba.

Un día, mientras Tomás estaba afilando su navaja, un niño curioso llamado Pedro se acercó y le hizo una pregunta que cambiaría todo:

—Señor Tomás, si usted solo afeita a los hombres que no se afeitan a sí mismos, ¿quién lo afeita a usted?

Tomás se quedó pensativo. Nunca antes había considerado esa pregunta. Reflexionó y se dio cuenta de que estaba atrapado en una paradoja.

—Veamos, Pedro —dijo Tomás—. Si yo me afeito a mí mismo, entonces, según mi regla, no debería afeitarme, porque solo afeito a los que no se afeitan a sí mismos. Pero si no me afeito a mí mismo, entonces debería afeitarme, porque afeito a todos los que no se afeitan a sí mismos.

Pedro, con los ojos muy abiertos, comprendió la confusión de Tomás. La paradoja del barbero había revelado un problema lógico en la regla que Tomás había seguido durante años. Desde ese día, Tomás decidió que algunas preguntas no tienen respuestas sencillas y que, a veces, las reglas pueden llevarnos a situaciones imposibles.

Y así, en el pequeño pueblo, la historia de Tomás y su paradoja se convirtió en una leyenda que se contaba a los niños para enseñarles sobre las complejidades de la lógica y las reglas. ¿Cómo resolverías tú la paradoja del barbero?

La paradoja de Alicia

Lewis Carroll (1832-1898) es el autor de *Las aventuras de Alicia en el país de las maravillas* y *A través del espejo y lo que Alicia encontró allí*. Estos dos libros, que han sido varias veces adaptados al cine, cuentan las peripecias de Alicia, una niña muy curiosa y aventurera. En el libro, Alicia se encuentra en un mundo de sueños. En uno de ellos ve al Rey Rojo, un personaje que también está profundamente dormido y soñando. Pero aquí es donde las cosas se ponen interesantes: en el sueño del Rey Rojo, él está soñando con Alicia. Entonces, surge una pregunta intrigante: ¿es el Rey Rojo solo una parte del sueño de Alicia, o es Alicia una parte del sueño del Rey Rojo?

Cada vez que Alicia se despierta, se pregunta si ella realmente existe o si solo es una creación del sueño del Rey Rojo. Y cada vez que el Rey Rojo se despierta, se pregunta lo mismo sobre él. Este ciclo de sueños se repite una y otra vez, sin que ninguno de los dos pueda encontrar una respuesta definitiva.

Esta paradoja nos invita a reflexionar sobre la naturaleza de la realidad y los sueños. ¿Quién está soñando a quién? ¿Es posible que ambos sean reales y soñadores al mismo tiempo? O, quizás, ¿nuestra percepción de la realidad es solo un sueño dentro de otro sueño?

2.9. El Lilavati

El *Lilavati* —que significa «La Hermosa»— es un manual completo de matemáticas de niveles básico y medio que incluye aritmética, álgebra, combinatoria, geometría y trigonometría. Fue escrito por Bhaskara II (1114-1185), natural de La India, en 1150, cuando tenía 36 años. Este libro contiene 278 versos que exploran diversos aspectos de las matemáticas hindúes.

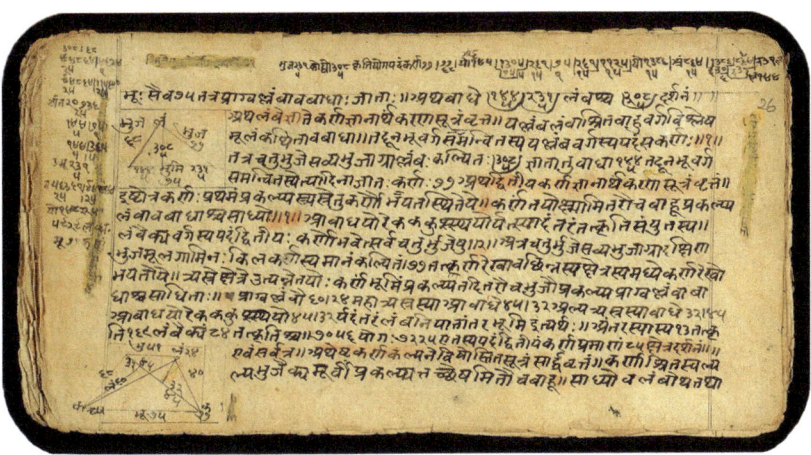

Extracto de *El Lilavati*, de Bhaskara[18]

La historia que hay detrás de este libro es tan fascinante como su contenido. Bhaskara había elaborado la carta astral de su hija, Lilavati, que indicaba que solo podría casarse en un momento específico de un día determinado. Sin embargo, mientras se preparaba para la boda, una perla cayó en la clepsidra, obstruyendo la salida del agua y haciendo que se pasara la hora propicia para el matrimonio. Para consolar a su desdichada hija, Bhaskara le prometió escribir un libro hermoso que llevaría su nombre,

---

18 Imagen obtenida de *MS OR Indic beta 229, Lilavati by Bhaskara – Wikimedia Commons*

asegurándole que las generaciones futuras la recordarían más por este libro que si hubiera tenido hijos. Y así ha sido, ya que la leyenda de Lilavati es conocida en todo el mundo. De hecho, en muchos de los problemas matemáticos que se plantean se hace alusión a la hija de Bhaskara, Lilavati. A continuación, exponemos dos ejemplos de problemas que se encuentran en el *Lilavati*:

━ Ejercicio 25
Oh, pequeña matemática, dime dos números cuya diferencia sea 8 y la diferencia de sus cuadrados sea 400.

━ Ejercicio 26
De un grupo de elefantes, la mitad y un tercio de la mitad se fueron a una cueva; un sexto y un séptimo de un sexto se fueron a beber agua a un río; un octavo y un noveno de un octavo se fueron a jugar a una charca llena de lotos. El amoroso rey de los elefantes se quedó tranquilamente con tres elefantas. Si esta era la situación, ¿cuántos elefantes componían la manada?

2.10. Epitafios

Arquímedes

La muerte de Arquímedes (287 a.C., 212 a.C.) es una de las anécdotas más conocidas de la historia antigua, y ocurrió durante el asedio de Siracusa en la Segunda Guerra Púnica. Según el relato, el matemático se encontraba inmerso en sus cálculos, dibujando figuras en la arena, cuando un soldado romano le ordenó presentarse ante el general Marcelo. Arquímedes, concentrado en su trabajo, se negó, explicando que debía terminar un problema. El soldado, enfurecido, lo mató en el acto. Aunque no hay pruebas concluyentes, se dice que sus últimas palabras fueron: «Noli turbare circulos meos» —No molestes a mis círculos—.

Arquímedes fue enterrado en Siracusa y, según su voluntad, su tumba debía contener una representación de su mayor logro: una esfera inscrita en un cilindro. Esto hacía referencia al resultado que más enorgullecía al matemático: la relación entre los volúmenes de estos dos sólidos, donde el cilindro contiene una vez y media el volumen de la esfera. Hoy en día, este cálculo es sencillo mediante el uso de integrales, pero en su tiempo, Arquímedes lo consiguió a través del ingenioso «método de exhaución».[19]

Arquímedes murió en el 212 a.c. y con el tiempo la ubicación de su tumba se perdió. Ya en el siglo I a.c., Cicerón (106 a.c., 43 a.c.) narra en sus *Tusculanas* cómo logró redescubrir la tumba. Durante su estancia en Sicilia como cuestor en el 75 a.c., emprendió la búsqueda de la tumba del matemático, que por entonces era casi ignorado por los propios siracusanos. Finalmente, pudo identificarla gracias a una inscripción que mencionaba la esfera y el cilindro. Según su relato:

> Durante mi cargo en Sicilia, descubrí el sepulcro de Arquímedes, del cual los siracusanos habían perdido todo rastro. Lo encontré cubierto de zarzas y matorrales, pero gracias a unos versos que hablaban de una esfera y un cilindro grabados en la tumba, logré identificarla.

Cicerón también reflexionó sobre cómo una ciudad tan sabia como Siracusa podía haber olvidado a uno de sus más grandes ciudadanos, mientras que él, romano, devolvía a la memoria pública a este genio. En su obra, se pregunta: «¿Cómo puede alguien que valora la cultura y la ciencia no preferir estar en el lugar de un matemático como Arquímedes antes que en el de un tirano?»

Este hallazgo, como comenta Carl B. Boyer (1906-1976), fue quizás la única contribución de los romanos a la historia de la ciencia geométrica. No obstante, tras el descubrimiento de Cicerón, la tumba volvió a caer en el olvido, y su localización exacta se perdió de nuevo. En Siracusa, existe un lugar simbólico conocido como *La tumba de Arquímedes*, aunque no se ha confirmado que sea la verdadera ubicación.

Hace algunos años, un estudioso de Siracusa afirmó haber redescubierto la tumba basándose en el relato de Cicerón. Publicó un informe también titulado *La tumba de Arquímedes*, lo que generó cierto interés y debate en la prensa. Sin embargo, la falta de pruebas sólidas hizo que el tema perdiera relevancia.

---

19 El método de exhaución, desarrollado por los griegos, es un procedimiento que permite aproximar el perímetro o el área de figuras curvas. Uno de los ejemplos más célebres es el cálculo de la longitud de una circunferencia realizado por Arquímedes, quien utilizó polígonos regulares inscritos para obtener una aproximación precisa.

A pesar de todo, la inscripción geométrica en la tumba de Arquímedes es recordada como el primer epitafio científico de la historia. Hoy en día, los matemáticos siguen honrando su memoria, y su

figura, junto con la esfera y el cilindro, está grabada en las prestigiosas medallas Fields,[20] el equivalente al Nobel en el campo de las matemáticas.

Diofanto

La vida de Diofanto está envuelta en misterio, ya que solo se sabe que residió en Alejandría durante la segunda mitad del siglo II d.C. Lo más curioso es que la principal fuente sobre su edad proviene de un epitafio registrado en una antología griega del siglo V, donde indica que falleció a los 84 años, estimándose que vivió del 200 d.C. al 284 d.C.

Lo más interesante de este epitafio es que presenta la vida de Diofanto mediante un acertijo matemático, fragmentándola en diferentes etapas y expresando su duración en fracciones. Al sumar estas partes, se obtiene la edad que tenía al fallecer. La adivinanza narra seis momentos cruciales de su existencia: su niñez, su juventud, su matrimonio, el nacimiento de su hijo, la muerte de este y, finalmente, la propia muerte de Diofanto. En una versión simplificada, el epitafio dice algo como esto:

Caminante, esta es la tumba de Diofanto: es él quien con esta sorprendente distribución te dice el número de años que vivió. Su niñez ocupó la sexta parte de su vida; después, durante la doceava parte su mejilla se cubrió con el primer bozo. Pasó aún una séptima parte de su vida antes de tomar esposa y, cinco años después, tuvo un precioso niño que, una vez alcanzada la mitad de la edad de su padre, pereció de una muerte desgraciada. Su padre tuvo que sobrevivirle, llorándole, durante cuatro años. De todo esto se deduce su edad.

Resolver este misterio implica establecer una ecuación que representa las diferentes fracciones de su vida y, al sumarlas, se deduce que vivió 84 años. Este tipo de acertijos no solo tienen un valor matemático, sino

---

20 Imágenes obtenidas de https://institucional.us.es/blogimus/2017/05/abel-nobel-fields/

LA MAGIA DE LOS NÚMEROS

que también nos muestran cómo los antiguos matemáticos, como Diofanto, veían el mundo a través de las lentes de los números y las proporciones.

Ejercicio 27

Resuelve el problema de la edad de Diofanto a su muerte.

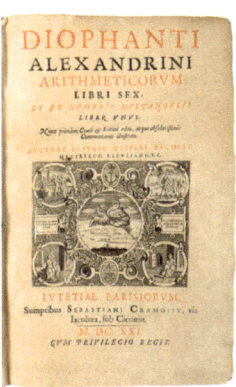

Conocido como el «padre del álgebra», Diofanto no solo contribuyó al desarrollo de soluciones numéricas y ecuaciones, sino que también dejó un legado que nos invita a ver la belleza y el orden en las matemáticas. Su epitafio nos recuerda que, para los antiguos, la matemática era una forma de capturar la esencia de la vida misma, de manera elegante y precisa.

Portada de la obra
Arithmetica[21]

Bernoulli

Jacob Bernoulli (1655-1705) fue el primer miembro de la influyente familia Bernoulli que se dedicó a las matemáticas. Nació en Basilea, cursó estudios universitarios y obtuvo el título de doctor, allanando el camino para que sus familiares, como Johann y Daniel Bernoulli, también se convirtieran en figuras clave dentro de la historia de las matemáticas y la ciencia, consolidando el prestigio del apellido.

En el epitafio de su tumba, que se encuentra en el claustro de la catedral de Basilea, se puede leer la siguiente inscripción:

Iacobus Bernoulli, mathematicus incomparabilis. Acad. Basil. vltra XVIII annos prof., Academ. item Regiae Paris. et Berolin. socius, editis lucubrat. inlustris. Morbo chronico, mente ad extremum integra, anno salut. MDCCV, d. XVI Augusti, aetatis L. m. VII extinctus, resurrect. pior. hic praestolatur. Iuditha Stupana, XX annor. uxor, cum duobus liberis marito et parenti eheu desideratiss. H.M.P.

En castellano, la traducción aproximada sería:

---

21   Edición de 1621, traducida del griego al latín por Claude Gaspard Bachet de Méziriac. https://en.wikipedia.org/wiki/Arithmetica

Jacob Bernoulli, el incomparable matemático. Profesor en la Universidad de Basilea durante más de 18 años, miembro de las Reales Academias de París y Berlín, famoso por sus escritos. Enfermo crónico, de mente aguda hasta el final, falleció en el año de gracia de 1705, el 16 de agosto, a la edad de 50 años y 7 meses, esperando la resurrección. Judith Stupanus, su esposa durante 20 años, y sus dos hijos han erigido este monumento al marido y padre al que tanto echan de menos.

Tumba de Jacob Bernoulli en la Catedral de Basilea[22]

Hablar de todas las contribuciones de Jacob Bernoulli a la ciencia tomaría mucho tiempo, pero entre sus logros más destacados se encuentra el estudio de la espiral logarítmica, a la que él mismo denominó *spira mirabilis* —la espiral milagrosa—. Fascinado por las propiedades de esta curva, Bernoulli solicitó que se grabara en su tumba junto con la frase en latín «*Eadem mutata resurgo*» («aunque cambiado, resurgiré»), simbolizando la capacidad de la espiral para conservar su forma incluso al crecer.

Sin embargo, la historia tiene un giro curioso: el escultor encargado de la tumba no comprendió exactamente la petición y, en lugar de la espiral logarítmica que Bernoulli tanto admiraba, esculpió una espiral de Arquímedes, una confusión que quedó plasmada para la posteridad. A pesar del error, su tumba sigue siendo un testimonio de su legado y de su fascinación por los patrones matemáticos que se repiten en la naturaleza.

Newton

La Abadía de Westminster, con su majestuoso estilo gótico, es considerada el panteón de las grandes figuras de Inglaterra. Entre los ilustres que reposan allí, Sir Isaac Newton (1643-1727) ocupa un lugar de honor junto a Charles Darwin (1809-1882), en el trascoro, en una de las pocas áreas visibles desde el exterior cuando se abren las puertas de la fachada principal.

---

22 Imagen tomada de https://www.talesofawanderer.com/blog/2014/09/03/tumba-jacob-bernoulli/

LA MAGIA DE LOS NÚMEROS

Curiosamente, Newton deseaba ser recordado por su famoso binomio y aspiraba a que este apareciera en su tumba. Sin embargo, lo que se encuentra en la abadía es un monumento funerario grandioso, adornado con esculturas alegóricas en las que pequeños ángeles —amorcillos— juegan con símbolos matemáticos e instrumentos científicos, en homenaje a sus contribuciones a la ciencia.

El epitafio de Newton, inscrito en su tumba, resume a la perfección la magnitud de su legado como físico y matemático:

Monumento funerario de Isaac Newton[23]

Aquí descansa Sir Isaac Newton, caballero, quien con una capacidad mental casi divina fue el primero en demostrar, con su brillante matemática, los movimientos y figuras de los planetas, las órbitas de los cometas y el flujo y reflujo del océano. Investigó minuciosamente las diferentes refrangibilidades de los rayos de luz y las propiedades de los colores que de ellos surgen.

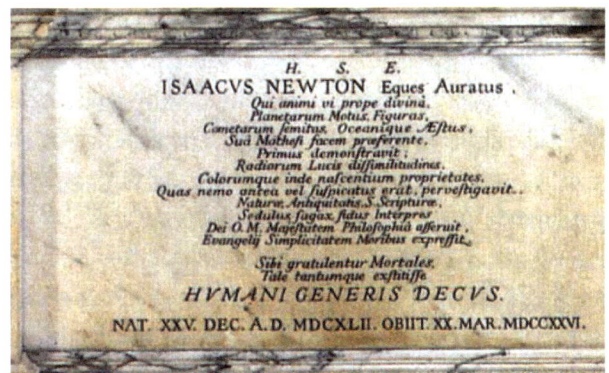

Inscripción en la tumba de Newton[24]

---

23 Imagen tomada de https://www.reddit.com/r/Physics/comments/122tyl4/visited_isaac_newtons_tomb_inside_westminster/?tl=es
24 Imagen tomada de https://rdweber17.tripod.com/id38.html

Newton, a menudo descrito como distraído y absorto en sus cálculos, era conocido por llevar consigo una larga pipa de arcilla cocida —conocida como *clay*—. Para él, la ciencia no solo era un medio para entender el mundo, sino una forma de adoración a Dios. Toda su vida y obra estuvieron marcadas por su profunda inquietud sobre la existencia divina, como se refleja en su obra más célebre, el *Philosophiæ Naturalis Principia Mathematica* —comúnmente conocido como *Principia*—, donde explora las leyes que rigen el universo, que Newton siempre vinculó con la mano de Dios.

Este enfoque dual, en el que la ciencia y la religión se entrelazan, fue una característica central de su pensamiento y define, no solo su contribución científica, sino también su forma de entender el mundo.

2.11. Ciudades con puentes

La teoría de grafos, una rama fascinante de las matemáticas, tiene sus raíces en un curioso pasatiempo conocido como el problema de los puentes de Königsberg. Este problema surgió en la ciudad de Königsberg, en la antigua Prusia Oriental, situada a orillas del río Pregel. La ciudad estaba dividida en varias partes conectadas por siete puentes. En la época del matemático Leonhard Euler (1707-1783), los habitantes de Königsberg se entretenían intentando encontrar una ruta que les permitiera cruzar todos los puentes una sola vez y regresar al punto de partida.

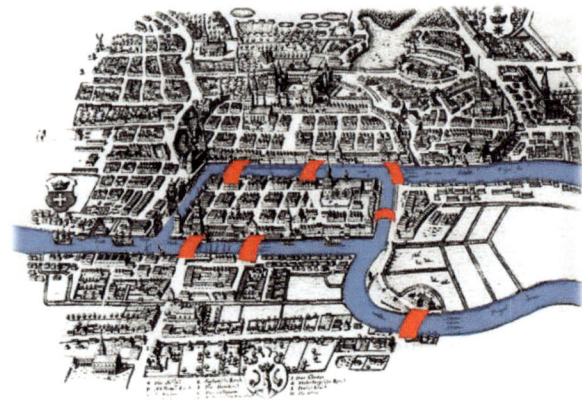

Plano de Königsberg[25]

---

25 En el siglo XVIII era una ciudad alemana, pero ahora pertenece a Rusia y su nombre es Kaliningrado. Imagen obtenida de https://prometeo.matem.unam.mx/recursos/Licenciatura/ IPM_UAM_CUAJIMALPA//scorm_player/2062/content/index.html#

Para abordar este problema, es importante identificar qué aspectos son relevantes y cuáles no. Por ejemplo, la longitud de los puentes o el tamaño de la ciudad no influyen en la solución. Lo esencial es la disposición de los puentes y cómo se conectan las diferentes partes de la ciudad. Simplificando el problema, podemos representarlo mediante un diagrama topológico o grafo, que contiene toda la información necesaria para resolver la cuestión.

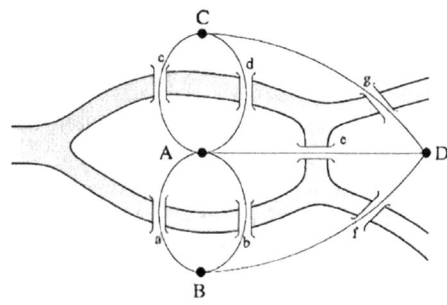

https://www.geogebra.org/m/uheUHv2W

El problema se puede reformular de la siguiente manera: ¿Es posible recorrer el grafo siguiente sin levantar el lápiz del papel, comenzando y terminando en el mismo punto, y sin pasar dos veces por el mismo camino?

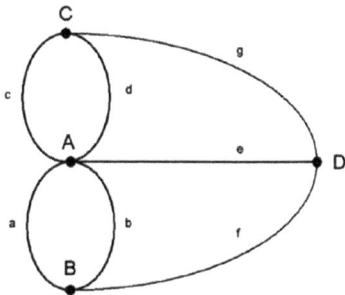

https://www.geogebra.org/m/uheUHv2W

Euler demostró que la respuesta es no. Para que tal recorrido sea posible, cada vértice del grafo —excepto los puntos de inicio y final— debe tener un número par de aristas —puentes—. En el caso de Königsberg, todos los vértices tienen un número impar de aristas, lo que hace imposible encontrar una ruta que cumpla con las condiciones planteadas.

Este descubrimiento de Euler no solo resolvió el problema de los puentes de Königsberg, sino que también sentó las bases de la teoría de grafos, una herramienta fundamental en matemáticas y ciencias de la computación. La teoría de grafos se utiliza hoy en día en una amplia variedad de campos, desde la planificación de rutas y redes de transporte hasta la biología y la informática.

En la ciudad de Cuenca, en Ecuador, un titular del diario *El Mercurio* del 5 de abril de 1950 —que puede verse en la siguiente imagen— anunciaba: «Once puentes arrastrados por aguas en zona urbana y suburbana», en referencia a la creciente del río Tomebamba, que durante la noche del 3 de abril de ese año sembró el pánico entre los habitantes de la ciudad.

Portada del diario *El Mercurio* (5 de abril de 1950)

Por aquel entonces, Cuenca contaba con once puentes, varios de los cuales fueron destruidos por la fuerza del caudal, incluyendo los icónicos El Vado, Todos Santos y El Vergel, lo que transformó radicalmente el paisaje urbano.

▬ Ejercicio 28

Partiendo de la siguiente imagen, que muestra un dibujo de la ciudad de Cuenca, haz un grafo de la ciudad y estudia cómo podrías pasear por ella pasando por todos sus puentes una sola vez.

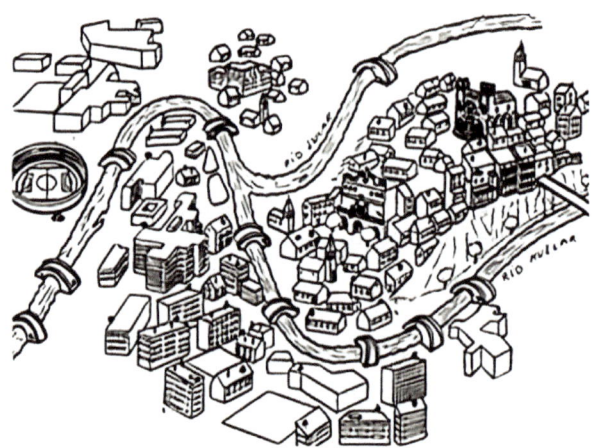

Dibujo de la ciudad de Cuenca

LA MAGIA DE LOS NÚMEROS

2.12. Dido y la geometría de la piel de toro

El problema de la princesa Dido (siglo IX a.C.) es un clásico ejemplo que ilustra cómo la geometría y las matemáticas pueden aplicarse a situaciones prácticas de la vida cotidiana, aunque la leyenda que lo origina tenga tintes mitológicos. Según la historia, Dido, hija del rey de Tiro Matán I y considerada la fundadora y primera reina de Cartago, tras huir de Tiro, llegó a la costa del norte de África, donde pidió al rey local un pedazo de tierra para fundar una ciudad. Astutamente, ella solicitó solo la extensión de tierra que pudiera cubrirse con una piel de toro. Sin embargo, en lugar de utilizarla tal cual, Dido cortó la piel en tiras delgadas y las dispuso de tal manera que abarcaran el mayor terreno posible, logrando así obtener una considerable extensión de tierra, donde finalmente fundaría la ciudad de Cartago.

Dido acota su tierra para la fundación de Cartago[26]

El desafío matemático que encierra esta leyenda es claro: ¿cuál es la forma óptima que puede abarcar la mayor área con un perímetro fijo? Este problema se conoce como el «Problema de Dido» y tiene una solución matemática precisa.

Si tomamos la situación desde el punto de vista matemático, se trata de encontrar una curva con un perímetro dado que encierre la mayor área posible. Sabemos que la curva que logra esta optimización es el círculo, ya que, entre todas las formas con un perímetro fijo, el círculo

---

26 *Mathias Merian el viejo*, Historische Chronica Frankfurt, 1630. Imagen obtenida de https://mujeresconciencia.com/2016/01/01/dido-la-reina-geometra/

es el que encierra la máxima área. Esta propiedad se puede demostrar utilizando herramientas avanzadas de matemáticas, como el cálculo integral, la optimización y el cálculo de variaciones. Del mismo modo, este resultado puede trasladarse a la tercera dimensión, por ejemplo, usando pompas de jabón, y su solución es la misma. Todos hemos experimentado con pompas de jabón y estas, en el aire, tienen forma esférica. Esto se debe a que la esfera es la figura matemática que puede almacenar el mayor volumen con la mínima superficie.

Ahora bien, si una parte del perímetro está determinada por una línea recta, como podría ser el borde del mar en el caso de Dido, la solución óptima es un semicírculo. De este modo, se puede maximizar el área utilizando la frontera disponible.

Este tipo de problemas, que combinan la geometría con la optimización, se han estudiado en profundidad y tienen aplicaciones no solo en matemáticas puras, sino también en diversas áreas de la física, la economía y la ingeniería. Al problema de encontrar la curva que maximiza el área para un perímetro dado se le conoce también como isoperimétrico, y su estudio sigue siendo un tema relevante en matemáticas hasta el día de hoy.

▬ Ejercicio 29
Estudia cuál es el área de diferentes polígonos regulares que tienen el mismo perímetro. Comprueba que un círculo tiene mayor área que cualquier polígono regular con idéntico perímetro.

2.13. El experimento de Eratóstenes

Eratóstenes de Cirene (276 a.C.-194 a.C.) fue un destacado matemático, astrónomo y geógrafo de la antigua Grecia que fue también director de la famosa Biblioteca de Alejandría. En el transcurso de sus estudios, encontró en los papiros de dicha biblioteca una información que despertó su curiosidad científica: unas observaciones registradas en la ciudad de Siena —hoy conocida como Asuán, en Egipto—. Estas observaciones indicaban que, durante el mediodía del solsticio de verano, el Sol se encontraba justo sobre la ciudad, de modo que los rayos solares iluminaban completamente el fondo de los pozos, sin proyectar sombras.

El detalle fascinó a Eratóstenes ya que, en Alejandría, también al mediodía del solsticio de verano, las cosas eran muy diferentes. En lugar de una luz directa y sin sombras, los objetos en Alejandría seguían proyectando sombra. Este contraste lo llevó a una idea revolucionaria: el hecho de que las sombras fueran diferentes en dos lugares distantes indicaba que la Tierra no era plana, sino curva. Además, si los rayos solares llegaban en paralelo desde un punto tan lejano como el Sol, entonces la diferencia en las sombras debía estar relacionada con la curvatura de la Tierra.

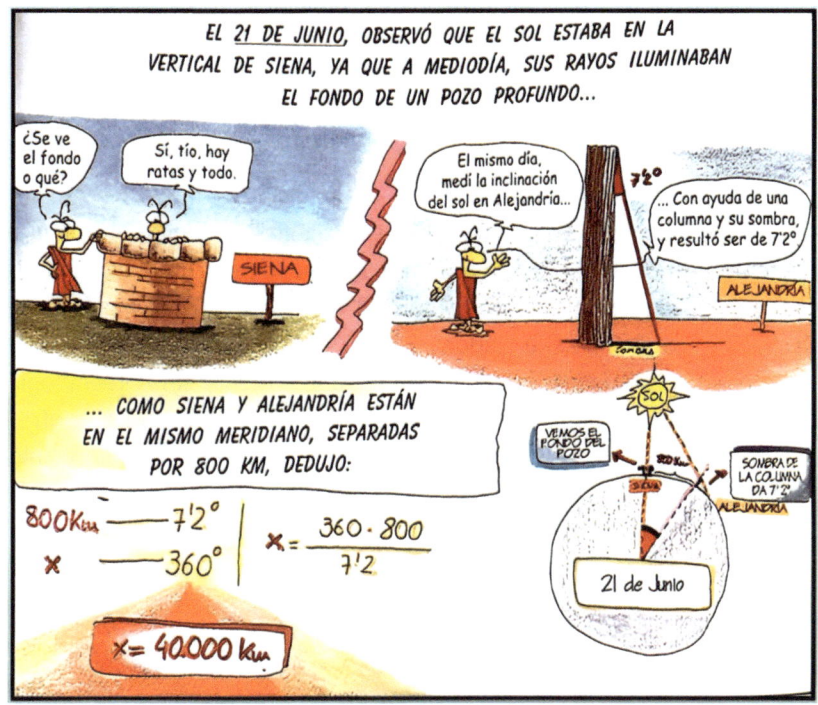

Cálculo del perímetro de la Tierra realizado por Eratóstenes[27]

Además, midió la diferencia en la inclinación de los rayos solares entre Siena y Alejandría, encontrando que era de aproximadamente 7,5 grados. Este ángulo, pensó, debía corresponder a una pequeña fracción del círculo completo que es la Tierra. De hecho, si el arco entre estas dos ciudades representaba 7,5 grados, esa fracción era exactamente 1/48 de los 360 grados totales.

27   Imagen tomada de Carlavilla, J. L. y Fernández, G. (2003). *Historia de las matemáticas. Desde que el hombre empezó a contar: historias, juegos, problemas y cosas de matemáticas.* Proyecto Sur de Ediciones, Granada.

Pero aún quedaba un desafío importante: calcular la distancia exacta entre Siena y Alejandría. Las leyendas cuentan varias historias sobre cómo Eratóstenes consiguió esa medición. Algunos dicen que contrató a un camellero para que recorriera la distancia entre las dos ciudades, mientras que otros sugieren que utilizó un regimiento de soldados que marchaban con pasos uniformes para medir el trayecto. Sea cual sea la verdad, Eratóstenes dedujo que la distancia era de unos 5.000 estadios. Un estadio era una medida antigua que equivalía a unos 157,5 metros, lo que situaba la distancia entre las ciudades en aproximadamente 787,5 kilómetros.

Armado con esta información, hizo un cálculo brillante. Si 7,5 grados correspondían a 1/48 de la circunferencia de la Tierra, entonces la circunferencia total debía ser 48 veces la distancia entre Siena y Alejandría. Multiplicando 5.000 estadios por 48, llegó a la conclusión de que la circunferencia de la Tierra era de aproximadamente 39.250 kilómetros, una cifra increíblemente cercana al valor real moderno, que es de 40.075 kilómetros en el ecuador.

Este cálculo, realizado más de 2.000 años atrás y sin la tecnología moderna, no solo demostró la esfericidad de la Tierra, sino que ofreció una de las primeras mediciones precisas de su tamaño. El ingenio de Eratóstenes no solo revolucionó la ciencia de su tiempo, sino que también sentó las bases de la geografía y la astronomía modernas, mostrando cómo la observación y el razonamiento lógico permiten resolver grandes misterios del universo.

2.14. ¿Hay matemáticas en *El Quijote?*

Ya hablamos antes sobre la novela *El ingenioso hidalgo Don Quijote de la Mancha*, conocido comúnmente como *El Quijote*, y que fue escrita por Miguel de Cervantes (1547-1616). Esta es una de las creaciones más admirables y trascendentales del espíritu humano. Ha sido considerada por numerosos críticos literarios como la primera novela universal de todos los tiempos. Esta obra no solo ha transformado la literatura, sino que también ha trascendido fronteras culturales y temporales, conectando con lectores de diferentes épocas y lugares. Don Quijote, hidalgo manchego, pierde la razón debido a su obsesión por los libros de caballerías. Convencido de ser un caballero andante, sale de su tranquila aldea en busca de aventuras que, en realidad, son auténticos disparates.

Sin embargo, lo que parece una sucesión de hechos absurdos, ocurre en un escenario profundamente simbólico: la vasta y árida la Mancha, un lugar que, a pesar de su aparente sencillez, representa no solo la realidad de su tiempo, sino una metáfora universal sobre la condición humana. En la obra de Cervantes, se percibe una interconexión entre lo concreto y lo trascendente, un vínculo que permite que esta novela sea, a la vez, una obra profundamente local y universal.

Al igual que *El ingenioso hidalgo don Quijote de la Mancha*, las matemáticas son una de las más grandes y universales construcciones creadas por la mente humana. A través de ellas, hemos podido desentrañar algunos de los misterios más profundos del universo, ofreciendo soluciones a problemas concretos y a preguntas abstractas que nos han acompañado desde los inicios de la civilización. Aunque en el mundo de las matemáticas no encontramos un único protagonista, como don Quijote, existen numerosos matemáticos que, a lo largo de la historia, han emprendido sus propias «aventuras» intelectuales. Han perseguido con pasión y dedicación los misterios y desafíos que la naturaleza y la abstracción les presentaban. Para muchas personas, estas hazañas matemáticas resultan tan incomprensibles como las delirantes fantasías del caballero manchego. Sin embargo, los matemáticos han sido capaces de crear conceptos y objetos mentales que, aunque abstractos, a menudo se convierten en herramientas poderosas para resolver problemas concretos en el misterioso y vasto universo en el que vivimos.

Así como don Quijote se enfrenta a lo que considera gigantes, que en realidad son simples molinos de viento, los matemáticos toman problemas complejos y aparentemente inabordables y los descomponen en elementos más sencillos, conectando lo abstracto con lo concreto. En ambos casos, hay una búsqueda de significado, una exploración de lo desconocido.

En el campo de la educación matemática se busca construir puentes entre el mundo cotidiano y la abstracción matemática. Los educadores idean maneras de ayudar a los estudiantes a entender que las matemáticas no son solo fórmulas y teoremas sin sentido, sino herramientas que nos permiten entender y modelar la realidad. A través de este «puente cognitivo», intentamos hacer que las matemáticas se conecten con experiencias concretas, para luego abstraer esas experiencias y resolver problemas en niveles más profundos y conceptuales.

En esta sección, a través de algunas actividades, proponemos una idea innovadora: vincular la lectura de *El Quijote* con actividades matemáticas.

A primera vista, estos dos mundos pueden parecer completamente desconectados, pero ambos comparten un espíritu de exploración, creatividad y descubrimiento. El Quijote desafía las percepciones de la realidad de su tiempo, de la misma manera que las matemáticas desafían nuestras percepciones del mundo físico y abstracto. A través de esta propuesta, buscamos cambiar la manera en que muchas personas ven las matemáticas, mostrando que, al igual que en la gran obra de Cervantes, en las estas también hay pasión, diversión, sorpresa y una innegable belleza.

Al unir literatura y matemáticas, pretendemos abrir nuevas puertas al conocimiento y la imaginación, demostrando que, al igual que don Quijote y Sancho Panza recorren los paisajes de La Mancha en busca de aventuras, también podemos nosotros emprender nuestro propio viaje intelectual a través del fascinante mundo de los números, las formas y las ideas abstractas. De esta manera, las matemáticas pueden convertirse, no en una disciplina fría y distante, sino en un terreno lleno de posibilidades creativas y emocionantes.

El extraño millón seiscientos mil

En el capítulo 32 de la primera parte de El ingenioso hidalgo don Quijote de la Mancha, encontramos una escena donde se menciona que el protagonista arremete contra un ejército imaginario de «más de un millón y seiscientos mil soldados», derrotándolos como si se tratara de simples manadas de ovejas. Esta hipérbole, como muchas otras en la obra de Cervantes, no solo añade un toque cómico a la narrativa, sino que también refleja la distorsión de la realidad que caracteriza las aventuras de don Quijote. Cervantes utiliza este tipo de exageraciones para parodiar los relatos caballerescos, donde las hazañas imposibles y los números descomunales eran habituales.

Para poner en perspectiva esta cifra tan desmesurada, podemos compararla con la realidad de la época en la que se escribió El Quijote. Hoy en día, la región de Castilla-La Mancha, escenario principal de las andanzas del caballero manchego, cuenta con alrededor de 1.800.000 habitantes. Es difícil imaginar a toda la población actual de la región reunida en un ejército, y mucho más durante la época en que fue escrita la novela. En el siglo XVI, reunir un ejército de 1.600.000 hombres no solo era una tarea imposible, sino que ni siquiera era concebible.

A modo de comparación, las ciudades más grandes de España a finales del siglo XVI contaban con poblaciones muy reducidas si se comparan con los estándares actuales. Por ejemplo, Sevilla, uno de los centros comerciales y portuarios más importantes del Imperio Español, apenas tenía unos 40.000 habitantes. Toledo, una de las ciudades más relevantes desde el punto de vista político y religioso, albergaba unos 37.000 habitantes. Granada, que había sido el último bastión musulmán hasta su conquista en 1492, tenía una población de aproximadamente 26.000 personas. Estas cifras nos dan una idea del tamaño de las urbes de aquella época y de lo inverosímil que resultaba pensar en un ejército tan descomunal como el que menciona Cervantes en su novela.

Incluso si ampliamos nuestra mirada hacia otros momentos históricos donde se movilizaron grandes ejércitos, la cifra mencionada por Cervantes sigue siendo exagerada. Uno de los ejércitos más formidables de la historia fue el que lideró Napoleón Bonaparte durante su campaña en Rusia en 1812, cuando cruzó el río Niemen con más de 450.000 soldados, una cantidad que ya era extraordinaria para la época. Sin embargo, este ejército, aunque masivo, era menos de un tercio del que don Quijote afirma haber derrotado con facilidad. De hecho, la magnitud de la expedición napoleónica fue tal que movilizar a tantas tropas y mantenerlas en el campo de batalla durante una campaña prolongada representó un desafío logístico sin precedentes, lo que finalmente contribuyó a su desastrosa derrota en suelo ruso.

Este contraste entre los números reales y los fantásticos nos permite comprender mejor la intención de Cervantes. A través de la figura de don Quijote, el autor no solo critica los relatos de caballería que presentaban batallas desmesuradas y hechos inverosímiles, sino que también explora las tensiones entre la realidad y la ficción. En los libros que don Quijote leía con fervor, las proezas imposibles y las cifras infladas eran moneda corriente, algo que Cervantes exagera deliberadamente para enfatizar la locura de su protagonista.

Pero más allá del contexto literario, esta reflexión sobre los ejércitos y las poblaciones nos invita a pensar en cómo las cifras y los recursos de la humanidad han cambiado a lo largo de los siglos. Hoy en día, Castilla-La Mancha, con sus 1.800.000 habitantes, es una región que combina historia, cultura y modernidad, lejos de los tiempos en que reunir miles de hombres en armas era un desafío titánico. Sin embargo, el eco de las antiguas aventuras, tanto las reales como las imaginarias, sigue resonando en nuestra cultura, recordándonos que la línea entre la realidad y la fantasía, como bien muestra don Quijote, es a veces más difusa de lo que parece.

¿Puede escribir un mono un capítulo del Quijote?

Imagina un escenario curioso: un mono travieso se sienta frente a un ordenador o una máquina de escribir y comienza a golpear las teclas al azar, sin ningún sentido ni lógica aparente. El resultado sería, como podrías imaginar, un conjunto de caracteres sin coherencia. Pero de repente, y contra toda probabilidad, surge una palabra en español, por ejemplo, «hola». Si seguimos con esta suposición, ¿podría este mono, por pura casualidad, llegar a escribir un capítulo completo del *Quijote* simplemente aporreando el teclado al azar?

Para abordar esta pregunta, imaginemos un capítulo específico de *El ingenioso hidalgo don Quijote de la Mancha* que tiene, digamos, 10.000 caracteres. Cada vez que el mono escriba una serie de 10.000 caracteres,

tendrá la oportunidad —aunque infinitamente pequeña— de producir, por puro azar, ese capítulo exacto. Pero ¿cuántas series diferentes de 10.000 caracteres debería producir este mono para hacer esto realidad?

Aquí entra en juego una rama fascinante de las matemáticas llamada *matemática discreta*. Si el teclado tiene 102 teclas —incluyendo letras, números, espacios y signos de puntuación—, entonces cada tecla tiene 102 posibilidades. Cuando el mono escribe 10.000 caracteres, para cada uno de esos 10.000 espacios en la serie, tiene 102 opciones. Por tanto, el número total de combinaciones posibles de esos 10.000 caracteres sería 102 elevado a la potencia de 10.000, lo que nos da una cifra absolutamente gigantesca.

Para ponerlo en perspectiva, este número es mucho mayor que el número estimado de átomos en el universo conocido. Según los cálculos científicos, el número de átomos en el universo ronda los 10^{80}, una cifra inmensa, pero que palidece frente a las $102^{10.000}$, que es un número exponencialmente mayor y que cuyo inverso ($1/102^{10.000}$) representa la probabilidad que tiene el mono de poder escribir ese capítulo. Es tan inmenso que, a efectos prácticos, podemos decir que la posibilidad de que el mono escriba exactamente el capítulo del *Quijote* en una sola de sus intentonas es prácticamente imposible.

Sin embargo, aquí viene la parte fascinante: si este mono pudiera escribir durante un tiempo infinito, y siguiera generando combinaciones de 10.000 caracteres, entonces, en algún punto, y solo por pura probabilidad, acabará escribiendo ese capítulo exacto del *Quijote*. No solo eso: dado el suficiente tiempo, terminaría escribiendo toda la obra completa, junto con cualquier otro texto imaginable. Esta es la esencia del famoso *teorema de los infinitos monos*.

El matemático francés Émile Borel fue uno de los primeros en formalizar esta idea, que se ha convertido en una parábola famosa en la teoría de la probabilidad. El *teorema de los infinitos monos* establece que, si un mono pulsa teclas al azar en una máquina de escribir durante un tiempo infinito, es prácticamente seguro que en algún momento escribirá cualquier texto finito, como *Don Quijote de la Mancha* o cualquier otra obra literaria. La probabilidad de que esto ocurra en un espacio finito de tiempo es minúscula, pero en un periodo infinito, la probabilidad se aproxima a uno, lo que en términos matemáticos significa que el evento es inevitable.

Este teorema, aunque en su origen puede parecer simplemente una curiosidad matemática, tiene profundas implicaciones sobre el azar, la probabilidad y el infinito. Nos lleva a reflexionar sobre cómo el azar, cuando se combina con un tiempo infinito, puede producir orden y significado. Así como el mono podría, con suficiente tiempo, escribir *El Quijote*, también podríamos pensar en cómo procesos aparentemente aleatorios en la naturaleza, cuando se les da tiempo suficiente, pueden generar estructuras complejas, como galaxias, planetas e incluso la vida misma.

Volviendo al ejemplo del mono y el teclado, aunque es imposible imaginar que un mono real pueda escribir un capítulo de *El Quijote* en cualquier periodo de tiempo razonable, esta idea nos recuerda el poder de las grandes cantidades y el infinito en el ámbito de las matemáticas. Nos ayuda a entender que, aunque algo parezca imposible desde un punto de vista práctico, cuando hablamos de probabilidades y de periodos infinitos, lo impensable se convierte en inevitable.

Este fascinante concepto se ha explorado en múltiples campos, desde la teoría de la información hasta la biología evolutiva. Y aunque la imagen de un mono tecleando interminablemente pueda parecer cómica o absurda, detrás de ella se esconde una profunda verdad sobre cómo el azar, dado el tiempo suficiente, puede producir resultados extraordinarios.

En definitiva, *el teorema de los infinitos monos* es una ilustración perfecta de cómo, incluso en un universo dominado por el caos y la aleatoriedad, existen reglas que rigen el comportamiento de las probabilidades. Nos muestra que la naturaleza y las matemáticas, a través de su complejidad y belleza, siempre tienen el potencial de sorprendernos. Así que, aunque el mono nunca llegue a escribir *El Quijote* en nuestras vidas, la idea de que, en un tiempo infinito, podría hacerlo nos recuerda que, en el mundo de las matemáticas, lo increíble puede ser posible.

Números en *El Quijote*

En los 126 capítulos que componen el libro *El ingenioso hidalgo don Quijote de la Mancha*, excluyendo los prólogos y los espacios en blanco, se puede contar un total de 1.694.284 caracteres. Esta cifra nos permite dimensionar la magnitud de la obra, tanto en términos de extensión como de riqueza lingüística. Si bien estas casi 1.694.284 caracteres son un número impresionante, lo es aún más cuando descubrimos que, de este total, 756.007 letras corresponden a las vocales. Este dato es interesante, ya que las vocales constituyen aproximadamente el 45% del total de letras. Si consideramos que el idioma español es una lengua en la que las vocales juegan un papel estructural clave en la construcción de palabras, no es de extrañar que representen una proporción tan alta.

Pasando a un análisis más detallado, podemos observar que el libro contiene un total de 378.396 palabras, de las cuales solo 22.787 son distintas o únicas. Este es un fenómeno común en muchas obras literarias, donde un conjunto relativamente pequeño de palabras tiende a repetirse a lo largo del texto. En el caso de *don Quijote*, esta repetición refleja la estructura narrativa y el estilo del propio Cervantes. Cabe destacar que, de esas 22.787 palabras diferentes, unas 11.106 —aproximadamente la mitad— aparecen solo una vez en toda la obra, lo que nos da una idea de la variedad léxica y de la capacidad de Cervantes para introducir términos nuevos y frescos en su narrativa.

No es sorprendente que las palabras más repetidas en el texto sean «que», «y» y «de», ya que son conectores esenciales en la lengua española. Estas palabras ayudan a construir las frases y, por lo tanto, su repetición refleja su importancia en la estructura gramatical. Sin embargo, lo que llama especialmente la atención es que tanto la palabra «Quijote» como «Sancho» aparecen prácticamente el mismo número de veces —2.169 contra 2.149 respectivamente—. Esto no es solo una curiosidad, sino un reflejo de la relación simétrica que Cervantes construye entre estos dos personajes. Ambos son fundamentales en la trama y, de alguna manera, se complementan en la narrativa: don Quijote, el idealista, y Sancho, el pragmático, representan dos visiones del mundo que, aunque contrastantes, son inseparables.

Otro dato curioso es la palabra más larga que aparece en la obra: «bienintencionadamente», con 21 letras. Esta palabra, aunque rara, no solo destaca por su longitud, sino también por su significado, ya que encapsula la idea de actuar con buenas intenciones, un tema que atraviesa muchas de las aventuras de don Quijote, quien, a pesar de sus locuras, siempre cree estar haciendo lo correcto.

Uno de los aspectos más interesantes de este análisis es el uso recurrente de la cifra «mil». Esta es la cifra más repetida en todo *El Quijote*, apareciendo en 176 ocasiones. Pero, ¿por qué «mil»? En la literatura, y especialmente en los relatos de aventuras, el uso de cifras redondas y grandes es una forma común de enfatizar la grandiosidad de los eventos, los sentimientos o los deseos. En el caso de *Don Quijote*, la palabra «mil» se utiliza a menudo para expresar exageración o desmesura: «mil votos», «mil penitencias», «mil ducados», «mil besos», «mil sollozos» y así sucesivamente. Estas expresiones no solo reflejan la intensidad con la que los personajes viven sus emociones, sino también la tendencia de la narrativa caballeresca, que Cervantes parodia, a exagerar hasta lo inverosímil.

Sin embargo, cuando se trata de exagerar aún más, Cervantes no se detiene en «mil», sino que recurre a la cifra «un millón». Esta cifra se utiliza con menos frecuencia, pero cuando aparece, lo hace para magnificar aún más una cualidad o un atributo. Un ejemplo claro es la descripción que Sancho hace de Dulcinea, donde habla de «mil millones», o lo que hoy llamaríamos un «millardo», término que puede generar confusión debido a su traducción desde el inglés.

Por último, la mayor cifra que se menciona en toda la novela es «mil millones de gracias», una expresión que utiliza Cervantes para subrayar la grandeza, tanto en un sentido literal como figurado. En la frase «Pues ¡es verdad que no acompaña esa grandeza y la adorna con mil millones de gracias del alma!» (I, 31), vemos cómo se utiliza el número «mil millones» no solo para enfatizar la magnitud de los sentimientos, sino también para añadir un toque de humor a la narrativa, una característica que está presente a lo largo de toda la obra.

Este tipo de análisis numérico de *El Quijote* no solo nos ofrece una visión más profunda de la obra, sino que también nos invita a reflexionar sobre cómo Cervantes utiliza el lenguaje y las cifras para construir su narrativa. Las repeticiones de palabras, el uso de exageraciones numéricas y la elección de términos largos o inusuales no son meras coincidencias, sino herramientas que el autor emplea con maestría para dar forma a su obra, al tiempo que juega con las convenciones literarias de su época.

Finalmente, es fascinante observar cómo una obra escrita hace más de 400 años sigue ofreciendo nuevas lecturas y posibilidades de análisis, tanto desde un punto de vista literario como numérico. Y aunque la matemática y la literatura parezcan disciplinas muy alejadas entre sí, al estudiar *El Quijote* a través de esta lente numérica descubrimos que ambos campos están más conectados de lo que podríamos imaginar, brindándonos nuevas formas de disfrutar y entender esta obra maestra universal.

CAPÍTULO 3.
JUEGOS Y PROBLEMAS

Los juegos y acertijos no solo son una fuente de diversión, sino que también plantean desafíos que estimulan el pensamiento abstracto, la creatividad y el análisis estratégico. A lo largo de este capítulo, exploraremos diferentes tipos de juegos y enigmas que han fascinado a matemáticos y estudiosos, revelando patrones, estrategias y estructuras que van mucho más allá de lo que parece a simple vista.

El viaje comienza con los juegos de estrategia, donde conceptos como la simetría y otros principios permiten identificar formas de asegurar la victoria. Luego, abordaremos los juegos tipo Nim, que forman parte de la teoría de juegos y cuya resolución depende de un análisis matemático preciso. También profundizaremos en los juegos de caza y captura, en los que la estrategia se centra en la persecución y evasión entre los jugadores.

Entraremos en el mundo de los enigmas lógicos, que desafían nuestras habilidades de deducción y resolución de problemas, seguidos de los problemas de pesas y pesadas, donde un enfoque cuidadoso es necesario para desentrañar soluciones que no siempre son evidentes. Además, examinaremos los problemas de repartos, que nos invitan a reflexionar sobre la justicia y la proporción en la distribución de recursos.

Finalmente, nos sumergiremos en conceptos más curiosos como la cinta de Möbius —o Moebius—, una intrigante figura geométrica que ha fascinado tanto a científicos como a artistas por su forma única, y el Stomachion, un antiguo rompecabezas geométrico que nos lleva a descubrir las complejidades de la geometría y la intuición.

3.1. Juegos de estrategia

Existen juegos en los que un jugador puede asegurarse la victoria si sigue un plan de acción específico, sin importar las decisiones de su oponente. Estos se conocen como juegos estratégicos. La clave en ellos es identificar el conjunto de movimientos o decisiones que aseguran el triunfo, conocido como *el camino ganador*.

El análisis de estos juegos no solo resulta interesante por el desafío que plantean, sino que también tiene un gran valor educativo. Para poder ganar, el jugador debe poner en práctica una serie de habilidades que están estrechamente relacionadas con las matemáticas y el pensamiento lógico. Estas habilidades incluyen la observación cuidadosa de la situación, el conteo de posibles movimientos, la deducción de resultados, la capacidad de generalizar patrones, la planificación estratégica y la investigación de todas las opciones posibles. A través de estos juegos, no solo se busca entretener, sino también desarrollar el razonamiento lógico y analítico.

Un ejemplo de este tipo de juegos es el llamado *A la caza de la moneda*, que tiene una característica especial: puede analizarse «desde atrás hacia adelante». Este enfoque consiste en imaginar que el juego ya ha terminado y hay un ganador. A partir de esa situación final, se intenta retroceder paso a paso para entender cómo se llegó a esa posición, como si se estuviera rebobinando una película. El objetivo es descubrir qué movimientos llevaron a la victoria y cuáles al fracaso. Este método de análisis permite ver el juego desde una nueva perspectiva y facilita encontrar la estrategia ganadora.

Este tipo de enfoque es muy común en juegos de estrategia y en problemas matemáticos, donde empezar por el final nos permite visualizar claramente el objetivo y luego descomponer el proceso que nos llevará a alcanzarlo. De esta manera, juegos como *A la caza de la moneda* nos enseñan a planificar con antelación, anticiparnos a las jugadas del oponente y, sobre todo, a pensar de manera estructurada y lógica.

En este juego, los jugadores compiten por conseguir la moneda que se encuentra al final de una ruta formada por 31 cerillas. La moneda se coloca al final de las cerillas. Por turnos, cada jugador puede quitar de 1 a 3 cerillas desde el principio. El jugador que logre llevarse la moneda o, lo que es lo mismo, que ya no tenga cerillas que quitar porque el jugador anterior quitó la última, gana y se la queda.

━ Ejercicio 30

Descubre qué estrategia debes seguir para ganar en el juego: «*A la caza de la moneda*».

Esta estrategia de resolución de problemas «desde atrás hacia adelante» puede aplicarse también a problemas matemáticos cotidianos. Por ejemplo:

━ Ejercicio 31

En una cesta de cerezas, Pedro se come la mitad de las cerezas menos 1. Después José se come la mitad de las cerezas que quedan menos 1 y, posteriormente, Marta se come la mitad de las cerezas que encuentra menos 1. Finalmente, Manuel se come las últimas 5 cerezas que hay en la cesta. ¿Cuántas cerezas había inicialmente en la cesta?

3.1.1. La simetría

Imagina que estás sentado frente a tu oponente, separados por una mesa redonda. Ambos tenéis en vuestro poder una buena cantidad de monedas del mismo tamaño, más de las necesarias para cubrir toda la superficie de la mesa. El reto consiste en ir colocando las monedas, una a una y por turnos, sobre la mesa. El objetivo es no quedarse sin espacio donde colocar una moneda, ya que la primera persona que no pueda hacerlo perderá. Las reglas son claras: las monedas no pueden tocarse entre sí ni apilarse; cada una debe quedar completamente apoyada sobre la mesa y no pueden empujar o mover las monedas que ya están colocadas.

Este juego de monedas aparentemente sencillo tiene un truco interesante relacionado con el concepto de simetría central, una propiedad que te puede llevar a la victoria si la aplicas bien. El secreto está en la posición de la primera moneda. Si el primer jugador coloca su moneda justo en el centro de la mesa, puede asegurar su victoria con una estrategia muy elegante. ¿Cómo? Es sencillo: cada vez que tu oponente coloque una moneda en alguna parte de la mesa, tú puedes colocar la tuya en el lugar opuesto, es decir, en el otro lado de la mesa, de manera simétrica respecto al centro. Esto garantiza que, mientras tu adversario pueda encontrar un espacio para su moneda, tú también podrás hacerlo, porque siempre habrá un lugar disponible del mismo tamaño y en la posición contraria. Al final, quien se verá sin posibilidades de colocar más monedas será tu adversario, y no tú, siempre que sigas esta estrategia.

Otro juego que también utiliza este principio de simetría es *La cadena*, inventado por el famoso matemático y creador de acertijos Sam Loyd (1841-1911). Una versión de este podría enunciarse como sigue:

> Coloca en círculo, formando una cadena cerrada, un número de monedas —por ejemplo, doce—, cada una de las cuales ha de tocar a sus dos vecinas. Dos jugadores, por turnos, van retirando una o dos monedas que estén en contacto. El vencedor será el jugador que retire la última moneda.

━ Ejercicio 32

¿Sabrías encontrar la jugada ganadora para el juego de la cadena, independientemente del número de monedas que la forman?

3.1.2. Otros juegos de estrategia

Bloqueado

El juego *Bloqueado* es una competición en la que participan dos jugadores. Se necesitan un tablero rectangular dividido en secciones y cuatro monedas, dos para cada jugador. Las monedas se colocan como se muestra en la figura y el objetivo del juego consiste en bloquear al oponente, de manera que no pueda realizar ningún movimiento. Los jugadores se turnan para mover una sola moneda por jugada. Cada movimiento permite avanzar o retroceder a lo largo de una línea, eligiendo cualquier número de casillas. Sin embargo, no está permitido saltar por encima de la moneda del rival. Gana el jugador que consigue bloquear a su oponente, es decir, que consiga que el rival no pueda mover sus monedas.

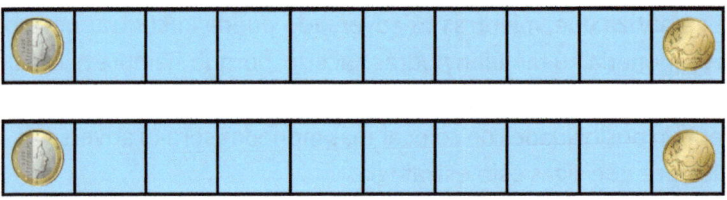

El partido de fútbol

En el juego *El partido de fútbol* se presenta una situación donde hay que demostrar, independientemente de la forma en que se coloquen los jugadores y de los goles que hayan marcado, que hay una estrategia ganadora.

En un colegio, dos porteros de fútbol deciden organizar un partido de fin de curso. Cada uno deberá seleccionar a diez jugadores. Los veinte disponibles se colocan en fila, y los porteros se turnan para escoger, uno a uno, a los jugadores que están en los extremos de la fila.

Cada jugador tiene en su camiseta el número de goles que ha marcado durante la temporada, y los porteros quieren formar sus equipos eligiendo a los que han anotado más goles.

— Ejercicio 33
¿Cuál es la estrategia a seguir?

— Ejercicio 34
Si la elección se hiciera entre un grupo de veintiún jugadores, y uno de ellos se queda sin jugar, ¿existe una estrategia ganadora?

3.2. Juegos tipo Nim

El Nim es un juego de mesa muy antiguo, cuya historia está rodeada de debates sobre su verdadero origen. Algunos investigadores sugieren que proviene de culturas orientales, mientras que otros defienden que el juego surgió en Europa, concretamente en países como Alemania o el Reino Unido. Curiosamente, la palabra Nim proviene del inglés antiguo y significa quitar o retirar, lo que refleja perfectamente la esencia del juego.

El Nim clásico se juega entre dos personas, que tienen ante sí varios montones de objetos, como piedras, fichas o monedas. La mecánica es simple: cada jugador, en su turno, debe retirar uno o más objetos siempre del mismo montón. La cantidad que puede tomar es ilimitada, siempre que todos los objetos retirados provengan del mismo montón. Gana el que retira el último objeto.

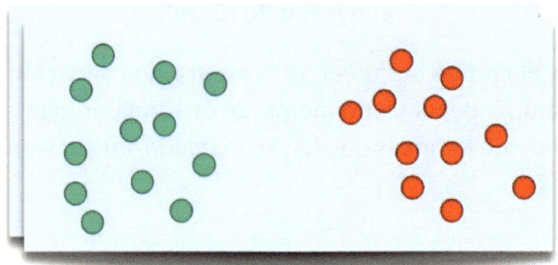

Aunque las reglas parecen sencillas, el Nim es un juego de gran profundidad estratégica. Saber cuándo retirar muchos objetos o pocos, o de qué montón hacerlo, requiere análisis y planificación. A lo largo del tiempo, matemáticos y teóricos del juego han estudiado el Nim y desarrollado métodos para desentrañar su estructura, descubriendo que existen estrategias óptimas que garantizan la victoria si se juega correctamente.

Gracias a su combinación de simplicidad y táctica, el Nim ha sido estudiado por generaciones de matemáticos, y sigue siendo un fascinante desafío para quienes disfrutan de juegos donde el pensamiento lógico es clave.

▬ Ejercicio 35

Fíjate en la imagen superior. ¿Qué estrategia debes seguir para ganar?

3.3. Juegos de caza y captura

Los juegos de caza y captura son una forma de entretenimiento basada en la estrategia, en la que dos o más jugadores compiten para apresar piezas o fichas en un tablero siguiendo reglas precisas. Estos juegos requieren tanto planificación como previsión, lo que los convierte en una excelente herramienta educativa para fomentar habilidades como el pensamiento crítico y la resolución de problemas. Generalmente, se desarrollan sobre un tablero, que representa el territorio donde tiene lugar la «caza».

El objetivo es que un jugador logre capturar las piezas del oponente mediante movimientos estratégicos, mientras que el otro intenta evitar la captura. En algunos casos, los roles de cazador y presa se alternan entre los jugadores, lo que añade un punto de complejidad. A diferencia de los juegos de azar, los juegos de caza y captura requieren un análisis profundo de cada jugada, exigiendo a los jugadores pensar varios movimientos por adelantado y anticipar las posibles respuestas del oponente. Este tipo de razonamiento favorece el desarrollo de habilidades matemáticas como el pensamiento secuencial, la teoría de grafos o la combinatoria.

Entre los ejemplos más conocidos de estos juegos se encuentran el del zorro y los gansos, donde un jugador toma el rol del zorro que debe capturar a todos los gansos, y otro controla a los gansos que intentan acorralar al zorro. Otro juego con una mecánica similar es el ajedrez, donde, aunque no se trata exclusivamente de caza y captura, la captura de piezas es esencial para avanzar en el juego.

La matemática que subyace a estos juegos es rica y variada. El análisis de los movimientos y sus posibles resultados involucra conceptos de teoría de juegos, que estudia las decisiones estratégicas, combinatoria para contar las posibles configuraciones y movimientos, y teoría de grafos, útil para representar el tablero y las conexiones entre posiciones. Estos juegos no solo son entretenidos, sino que también ofrecen una forma atractiva de acercar a las personas —y en especial a los jóvenes— a las matemáticas, ya que requieren resolver problemas en un contexto lúdico y competitivo.

El cazador

El juego del cazador es uno de los juegos de caza más interesantes. Se desarrolla sobre un tablero con casillas hexagonales, donde cazador y presa se van desplazando.

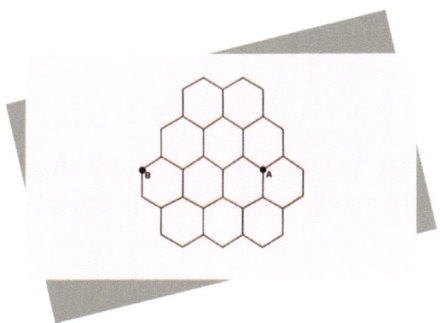

En la anterior imagen, el cazador, que se encuentra en A, debe capturar a su presa, situada en B. Las reglas del juego son:

1)Los movimientos del cazador y la presa son alternativos, moviéndose de un vértice a otro vecino del grafo.

2)El cazador solo puede capturar a su presa si esta se encuentra en un vértice contiguo u opuesto del grafo.

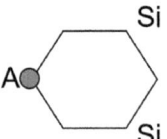

— Ejercicio **36**
¿Podrá capturar el cazador a su presa?

— Ejercicio **37**
Sitúa al cazador en otros vértices. ¿En qué casos podrá capturar el cazador a su presa?

Captura de monedas

Este juego es una versión interesante del juego anterior. Imagina que la moneda de 1€ trata de capturar a la de 10€ en la siguiente imagen.

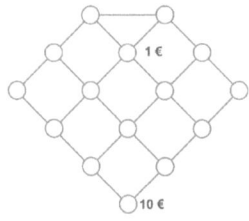

Cada jugador elige una moneda y se mueve alternativamente de un vértice a otro vértice contiguo siguiendo las líneas del grafo.

— Ejercicio **38**
Con las condiciones de la figura anterior, ¿podrá capturar la moneda de 1€ a la moneda de 10€?

— Ejercicio **39**
Situando las monedas en otros vértices, ¿en qué casos será posible la captura y en qué casos no?

3.4. Acertijos lógicos

Los acertijos lógicos en matemáticas representan una fascinante intersección entre el pensamiento lógico y los principios matemáticos fundamentales. Estos desafíos, a menudo presentados como problemas aparentemente simples, requieren un enfoque metódico y creativo para ser resueltos. Más allá de su naturaleza lúdica, los acertijos lógicos sirven como herramientas poderosas para el desarrollo de habilidades cognitivas esenciales, como la deducción, la capacidad de análisis y la estructuración de pensamientos complejos.

En el ámbito educativo, permiten a los estudiantes practicar el razonamiento abstracto y aplicar conceptos matemáticos de manera innovadora. Estos retos no solo refuerzan el aprendizaje de principios matemáticos, como el álgebra o la geometría, sino que también impulsan a los participantes a pensar de manera no convencional y a encontrar múltiples enfoques para llegar a una solución.

El batallón de 24 soldados

Imagina que tienes una fila de 24 presos, cada uno con un gorro que puede ser de color blanco o negro. Los presos no saben cuántos gorros hay de cada color, pero cada uno puede ver los gorros de los compañeros que tiene delante, aunque no puede ver ni el suyo ni el de los que están detrás.

El juego comienza desde el último preso de la fila —el que está más atrás—, y a cada uno se le preguntará sucesivamente de qué color es su gorro. Si un preso acierta, podrá ser liberado. Además, todos pueden escuchar las respuestas que los demás den antes de que les toque a ellos, lo que puede ser crucial para su estrategia.

Antes de comenzar con las preguntas, los presos tienen tiempo para reunirse y planificar una estrategia conjunta que maximice el número de liberados.

— Ejercicio 40

¿Cuál es el número máximo de presos que podrían alcanzar la libertad?

Ojos azules

Terence Tao (1975-actualidad), ganador de la medalla Fields en 2006, presentó un interesante problema lógico y lo llamó: *El enigma de los isleños de ojos azules.*

En una isla hechizada hay 1000 habitantes, 100 tienen los ojos azules y 900 tienen los ojos marrones. Nadie sabe el color de sus propios ojos y el hechizo no permite que se vea en ninguna superficie. Así pues, todos conocen el color de los ojos de los otros, pero nadie conoce el color de los suyos. Existe una norma que dice que cuando un habitante de la isla conozca el color de sus ojos debe abandonarla y los habitantes la cumplen sin dudarlo. Un día llega un forastero con ojos azules a la isla y, antes de irse, afirma que ha encontrado en la isla a gente con el mismo color de ojos que los suyos. ¿Qué ocurrirá en la isla?

En este problema la única forma de saber el color de los ojos de uno es por pura lógica. Además, nadie sabe nada del color de sus propios ojos. No es que duden entre marrón y azul, es que dudan entre marrón, verde, azul, negro, rojo, amarillo, etc. Por último, aclarar también que todos cumplirán sin dudar las reglas de la isla así que, si uno averigua el color de sus ojos, esa misma noche abandonaría la isla en el barco.

¿Qué pasa en la isla después de oír al forastero? Uno podría pensar que el extranjero no les dijo nada que no supieran antes. Pero sorprendentemente, la acción del extranjero sí tiene un efecto sobre los habitantes de la isla.

— Ejercicio 41

¿Cuántos habitantes deberán abandonar la isla y cuándo lo harían?

— Ejercicio 42

Supongamos ahora que esa noche el extranjero se pone a pensar y se da cuenta del problema que ha creado y que tiene que solucionarlo. Al mediodía siguiente decide volver a la isla y decirles a todos que no lo tomen en serio, que lo que había dicho el día anterior era mentira. ¿Qué pasa en la isla a partir de este momento?

3.5. Problemas de pesas y pesadas

Ahora, exploramos una serie de desafíos matemáticos dedicados a pesas y pesadas, un campo clásico que ha planteado retos interesantes y entretenidos a lo largo del tiempo. Desde la antigüedad, el uso de balanzas y pesas ha sido un recurso frecuente para la resolución de problemas, combinando lógica y aritmética. Estos ejercicios no solo sirven para reforzar conceptos matemáticos, sino también para desarrollar el pensamiento crítico y la habilidad para hallar soluciones de manera ingeniosa.

Claude Gaspar Bachet de Méziriac (1581-1638), matemático francés, es reconocido como uno de los pioneros en el campo de las matemáticas recreativas. En 1612, publicó su obra *Problemes Plaisants Et Délectables Qui Se Font Par Les Nombres (Problemas entretenidos que se plantean con los números)*, que es considerado el primer tratado dedicado exclusivamente a este tipo de juegos. En este libro, Bachet plantea una serie de desafíos que invitan a pensar de manera creativa, muchos de ellos relacionados con pesos y medidas.

A continuación, te presentamos el enunciado de uno de los problemas que Bachet propuso en su tratado. Este, en particular, trata sobre el uso de pesas, un tema recurrente en la obra del autor, y muestra su enfoque lúdico y didáctico para acercar las matemáticas a un público más amplio.

> Un mercader tenía una pesa de 40 kilos que se cayó al suelo y se rompió dividiéndose en 4 partes desiguales. Llevó estos pesos a una balanza y comprobó que cada trozo tenía un peso equivalente a un número entero de kilogramos y al emplearlas para

pesar observó que con estas 4 pesas podía pesar objetos cuyo peso fuera un número entero cualquiera de kilogramos entre 1 y 40. ¿Cuántos kilogramos pesa cada una de las 4 pesas?

— Ejercicio 43
¿Cómo resolverías el problema de las pesas de Bachet de Meziriac?

Si has llegado hasta aquí, y tienes un poco de tiempo, te proponemos que resuelvas los siguientes problemas matemáticos de pesas:

— Ejercicio 44
Un lechero tiene que vender diez litros de leche y solo tiene dos cántaras de ocho y tres litros. ¿Qué podría hacer para llenar las cántaras sin pasarse de diez litros?

— Ejercicio 45
Una persona necesita sacar de un depósito 7 litros de líquido. La persona solo dispone de dos vasijas, una de 9 litros y otra de 4 litros, y no puede usar otras vasijas auxiliares para echar el líquido. ¿Qué puede hacer para sacar los 7 litros que necesita?

— Ejercicio 46
Tengo un bidón de agua con 16 litros y otro con 12 litros, pero este último está vacío. También tengo una garrafa de 5 litros y otra de 3, y tengo que llenar el bidón de 12 litros. ¿Cómo podré llenar el bidón de 12 litros, usando solo las garrafas?

— Ejercicio 47
Una receta exige cuatro litros de agua. Si tuvieras una jarra de 4 litros no habría problema. Pero no posees más que dos jarras sin graduar, una de 5 litros y otra de 3. ¿Cómo las usarás para medir exactamente los 4 litros de la receta?

3.6. El arte de repartir

¿Alguna vez te has preguntado cómo dividir una pizza entre amigos de forma justa o cómo repartir un premio entre socios de un negocio? Los problemas de reparto están presentes en nuestro día a día, desde situaciones triviales, como compartir comida, hasta escenarios complejos en economía, política o justicia. Cada decisión que implica dividir algo entre varias partes requiere de una estrategia, y las matemáticas ofrecen soluciones elegantes y precisas para estos dilemas.

En este capítulo presentamos algunos problemas matemáticos de repartos, una rama fascinante que va más allá de simples divisiones. A medida que avances, te darás cuenta de que la justicia en un reparto no siempre es obvia, y que a veces la solución más equitativa puede ser sorprendentemente compleja.

Prepárate para agudizar tu mente y descubrir la belleza detrás de uno de los problemas más antiguos y universales: el arte de repartir.

El reparto de las perlas

Un antiguo problema árabe cuenta de qué manera, al morir un rico sultán, sus hijos se repartieron la herencia, consistente en un cierto número de perlas. El hijo mayor tomó una perla más una séptima parte del resto; el segundo, dos perlas más un séptimo del resto; y así sucesivamente. Al terminar el reparto, todos los hijos habían recibido el mismo número de perlas.

━ Ejercicio **48**
¿Cuántos hijos y perlas tenía el sultán?

El reparto de monedas

Llegaron a un oasis dos beduinos, Musa y Masa, que venían del desierto. Se disponían a almorzar cuando vieron aparecer a un peregrino con cara de hambre y, movidos por la compasión, decidieron repartir sus pertenencias. Musa tenía cinco panes y Masa tres. Sacaron los ocho panes y los repartieron entre los tres, comiendo todos lo mismo.

Al final, el peregrino dijo agradecido: «Por las barbas del Profeta. Yo, que tantas veces he comido en bellos palacios, jamás hallé tanto placer como hoy. Así que os pagaré con generosidad» y les dio ocho monedas de oro, a la vez que desaparecía.

━ Ejercicio 49

¿Cómo deben repartirse las monedas? (Pista: el reparto estándar de 5 y 3 monedas no es el más justo).

El reparto de los marineros

El capitán de un barco decidió recompensar económicamente a tres marineros que salvaron la nave durante un duro temporal. Para ello, dispuso una cantidad de monedas de plata que era mayor de 200, pero menor de 300. Las monedas fueron depositadas en una caja para que, al desembarcar al día siguiente, fuesen repartidas por un oficial en partes iguales a los tres marineros. Durante la noche, uno de los marineros decidió tomar su parte para evitar discusiones. Como la división por tres no era exacta, tiró al mar una moneda sobrante. Otro marinero también tuvo el mismo pensamiento y procedió igual. Como también sobraba una moneda, la tiró al mar. El tercer marinero tuvo también la misma idea y, tras dividir en tres partes, también le sobró una moneda, que fue a parar al mar. Al día siguiente, el oficial tomó las monedas que quedaban en la caja, las dividió en tres y entregó a cada marinero la parte correspondiente. Como sobraba una, se la guardó como pago por sus servicios.

▬ Ejercicio 50

¿Cuántas monedas había inicialmente? ¿Cuántas monedas recibe cada uno de los marineros?

La herencia

La herencia de los mellizos[28]

3.7. La cinta de Möbius

Una de las curiosidades más fascinantes de la topología es la cinta de Möbius, un objeto geométrico de propiedades únicas que desafía nuestra intuición. Su construcción es simple: se coge una tira de papel o cinta, y antes de unir sus extremos, se le da un giro de 180 grados a uno de ellos. Este giro provoca que, al recorrer la cinta resultante, para regresar

28   Imagen tomada de Carlavilla, J. L. y Fernández, G. (2003). *Historia de las matemáticas. Desde que el hombre empezó a contar: historias, juegos, problemas y cosas de matemáticas.* Proyecto Sur de Ediciones, Granada.

al punto de partida sea necesario transitar por ambos «lados» de la cinta original, lo que aparentemente no tiene sentido, pues parecería que la cinta debería tener dos superficies separadas.

Este concepto intrigante tiene aplicaciones prácticas muy ingeniosas. Un ejemplo notable era su uso en los carretes de cinta de máquinas de escribir o en las cintas de impresoras antiguas. Gracias a la propiedad de la cinta de Möbius de poseer una sola superficie, estas cintas podían aprovecharse al máximo, ya que la tinta se podía utilizar por completo en ambos «lados» antes de que la cinta se agotara.

La cinta de Möbius tiene una característica asombrosa: a pesar de lo que parece, posee una única cara y superficie continua. Esto se puede demostrar fácilmente mediante un experimento sencillo: si trazamos una línea sobre la superficie de la cinta, sin levantar el lápiz en ningún momento, al final del recorrido la línea se encontrará nuevamente en el punto de partida, cubriendo toda la longitud de la cinta. Este fenómeno desafía nuestra percepción tradicional de los objetos tridimensionales y nos invita a reconsiderar la forma en la que entendemos el espacio y las superficies.

Este ingenioso objeto fue ideado por el matemático y astrónomo alemán August Ferdinand Möbius (1790-1868), quien es recordado no solo por su trabajo en topología, sino también por sus importantes contribuciones a las matemáticas y la astronomía. Möbius, que fue asistente del célebre matemático Carl Friedrich Gauss, comenzó a enseñar astronomía en la Universidad de Leipzig en 1816. Sin embargo, su legado más perdurable está en el campo de la topología, una rama de la matemática que se ocupa de las propiedades de los objetos que permanecen inalteradas bajo deformaciones continuas, como torsiones o estiramientos.

Möbius es considerado uno de los pioneros de esta disciplina debido a su capacidad para anticipar conceptos clave de la geometría proyectiva moderna. En su obra *El cálculo baricéntrico* (1827), introdujo las coordenadas proyectivas homogéneas, una herramienta matemática crucial para estudiar las relaciones geométricas entre diferentes puntos y figuras. Su trabajo también proporcionó una visión general de las correspondencias proyectivas, que posteriormente se aplicarían al estudio de las secciones cónicas, como el círculo, la elipse y la hipérbole, que son fundamentales en la geometría algebraica.

A continuación, presentamos un problema matemático que tiene mucho que ver con la cinta de Möbius.

El problema de las casas y los pozos

— Ejercicio 51

Dadas tres casas y tres pozos, ¿podrías conectar cada granja con los tres pozos sin que se corten las tuberías? ¿Tendría solución el problema de las casas y los pozos en una cinta de Möbius?

3.8. El *Stomachion*

Entre los muchos y destacados trabajos de Arquímedes (287 a.C.-212 a.C.), uno de los menos conocidos y estudiados es el *Stomachion*. Durante siglos, este enigmático texto fue subestimado, ya que se creía que simplemente describía un rompecabezas para niños. La idea de que Arquímedes, un genio cuyas contribuciones abarcan desde la física hasta la geometría, se interesara en un juego infantil no parecía coherente con la magnitud de su obra. Sin embargo, recientes investigaciones han revelado que el Stomachion no era solo un pasatiempo, sino un desafío matemático mucho más profundo de lo que se pensaba originalmente.

Reviel Netz (1968-actualidad), un destacado historiador israelí de las matemáticas, ha ofrecido una nueva perspectiva sobre este trabajo de Arquímedes. Según Netz, el interés del matemático no residía simplemente en ensamblar las piezas de manera aleatoria, sino en resolver un problema mucho más complejo: ¿de cuántas maneras diferentes es posible combinar las 14 piezas del Stomachion para formar un cuadrado perfecto? Esta pregunta, que al principio podría parecer sencilla, encierra un reto de enorme complejidad combinatoria.

El Stomachion consiste en 14 piezas geométricas que, al igual que en los rompecabezas modernos como el tangram, pueden unirse para formar diversas figuras. Sin embargo, lo que intrigaba a Arquímedes era la cantidad exacta de

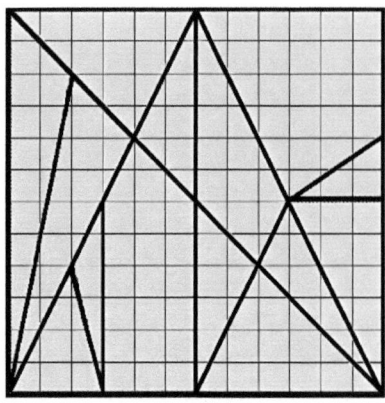

Puzle del *Stomachion*

combinaciones posibles para formar un cuadrado con esas piezas. Durante mucho tiempo, este aspecto de su trabajo permaneció olvidado, hasta que en épocas recientes los matemáticos comenzaron a interesarse por las implicaciones más profundas de este antiguo desafío.

En el año 2003, Guillermo H. Cutler, un informático apasionado por las matemáticas, decidió abordar este problema utilizando herramientas modernas. Con la ayuda de un programa de ordenador diseñado específicamente para este propósito, Cutler se propuso calcular todas las formas posibles de combinar las piezas del Stomachion para obtener un cuadrado. El resultado fue sorprendente: después de un intenso proceso de cálculo, su ordenador encontró que existen exactamente 536 maneras de ensamblar las 14 piezas para formar un cuadrado.

Este hallazgo no solo arrojó luz sobre un aspecto olvidado de la obra de Arquímedes, sino que también destacó la habilidad de este matemático para anticipar problemas que hoy en día requerirían el uso de la computación avanzada. La solución al Stomachion no solo revela el ingenio de Arquímedes, sino también su interés en problemas combinatorios, un campo que en su época estaba en una fase muy temprana de desarrollo.

Lo que parecía ser un simple rompecabezas para niños resultó ser un desafío matemático sofisticado, que combina geometría y combinatoria de manera brillante. Este redescubrimiento no solo ha permitido a los historiadores y matemáticos apreciar aún más la amplitud de la obra de Arquímedes, sino que también nos recuerda que, detrás de muchos objetos cotidianos, se pueden esconder problemas matemáticos de gran profundidad.

Así, el Stomachion ha pasado de ser visto como un pasatiempo lúdico a ser reconocido como una de las primeras investigaciones conocidas sobre combinatoria geométrica, una disciplina que sigue siendo fundamental en las matemáticas modernas. Arquímedes, con su visión adelantada a su tiempo, no solo se dedicó a resolver problemas prácticos de la física o la ingeniería, sino que también fue un pionero en campos abstractos que, siglos más tarde, seguirían intrigando a matemáticos y científicos de todo el mundo.

▬ Ejercicio 52

Calcula las áreas de cada una de las 14 piezas del rompecabezas. ¿Qué has considerado como unidad para calcularlas? ¿Qué fracción de área corresponde a cada una de las figuras considerando el cuadrado de 12 x 12?

CAPÍTULO 4.
SOLUCIONES

Después de un viaje lleno de desafíos y aprendizajes, hemos llegado al momento tan esperado: la resolución de todos los problemas que aparecen a lo largo de este libro. En las siguientes páginas, desentrañaremos cada enigma y desvelaremos las soluciones que, esperamos, no solo satisfagan tu curiosidad, sino que también enriquezcan tu comprensión del tema. Prepárate para un recorrido detallado y esclarecedor por el fascinante mundo de las respuestas.

1. Cuadrados mágicos

1.1. Lo-Shu

Ejercicio 1. *¿Podrías construir otros cuadrados mágicos de orden 3? ¿Hay alguna relación entre la constante mágica de los cuadrados mágicos que has construido y la posición que ocupa alguno de los números?*

Si a todos los números de un cuadrado mágico se les suma o se les multiplica por un mismo número, el resultado es otro cuadrado mágico. Por ejemplo, si sumamos a todos los números del Lho-Shu el número 11, obtendríamos el siguiente cuadrado mágico:

19	12	17
14	16	18
15	20	13

Podemos utilizar estas propiedades para construir otros cuadrados mágicos.
La constante mágica de los cuadrados de orden 3 la podemos obtener multiplicando por 3 el número de la casilla central.

Ejercicio 2. *¿Cómo construirías otros cuadrados multiplicativos de orden 3?*
Del siguiente cuadrado mágico aditivo:

+5	-2	3
0	2	4
1	6	-1

Se puede obtener el siguiente cuadrado multiplicativo:

32	0.25	8
1	4	16
2	64	0.5

Las casillas del cuadrado multiplicativo vienen dadas como potencias de base 2 elevadas al número de la casilla correspondiente del cuadrado aditivo. Al calcular la constante de los cuadrados multiplicativos, se aplican las propiedades de las potencias; en este caso, el producto de potencias de la misma base es otra potencia de igual base y, de exponente, la suma de los exponentes. La constante mágica del cuadrado aditivo es 6 y la del multiplicativo 64, es decir, 2^6.

Se pueden obtener infinitos cuadrados mágicos multiplicativos a partir de uno aditivo, los números (x_i) de las casillas del cuadrado multiplicativo vienen dadas por $(n)^{y_i}$ siendo n un número natural cualquiera e y_i los números de las casillas del cuadrado aditivo de partida. Además, la constante multiplicativa viene dada por $n^{cte \ aditiva}$.

1.2. La Melancolía I

Ejercicio 3. *A partir del cuadrado mágico del cuadro de Durero, reemplaza cada número por su cuadrado. ¿Es un cuadrado mágico? ¿Qué propiedades descubres en él? Ahora sustituye cada número por su cubo. ¿Qué observas?*

Si reemplazamos cada número del cuadrado por el cuadrado de dicho número, obtendríamos el siguiente cuadrado:

256	9	4	169
25	100	121	64
81	36	49	144
16	225	196	1

No es un cuadrado mágico, pero tiene las siguientes propiedades:
La primera y la última columna tienen la misma suma: 378. También tienen la misma suma las columnas 2ª y 3ª: 470.

La primera y la última fila tienen la misma suma: 438. Lo mismo ocurre con la 2ª y 3ª filas; su suma es: 370.

La suma de los números de las casillas que están en la primera mitad del cuadrado es la misma que los de la otra mitad, y esta suma es igual a la suma de los 8 que forman parte de las diagonales: 748.

Si reemplazamos cada número del cuadrado por el cubo de dicho número, obtendríamos el siguiente cuadrado:

4096	27	8	2197
125	1000	1331	512
729	216	343	1728
64	3375	2744	1

En este cuadrado, la suma de los 8 números de las diagonales es 9248 que, como puedes comprobar, es la suma del resto de números del cuadrado.

Ejercicio 4. *A partir del siguiente cuadrado, que no es mágico, intercambia tres parejas de números para convertirlo en mágico:*

13	7	12	4
3	10	5	15
2	11	8	14
16	6	9	1

Después de hacer la suma de las filas, las columnas y las diagonales principales y ver que el resultado más repetido es 34, posiblemente la constante mágica, se puede pedir que intenten cuadrar las diagonales. Al hacerlo, alguna de las nuevas filas o columnas sumará 34. Así, por ejemplo, cambiando el 11 por el 9 la suma de la diagonal principal y la cuarta fila es también 34, aunque la suma de la segunda columna ya no es 34. Después, se puede intentar cuadrar la otra diagonal cambiando el 12 por el 10 y ya solo queda intercambiar el 15 por el 14 para obtener el cuadrado mágico:

13	7	10	4
3	12	5	14
2	9	8	15
16	6	11	1

Esta es solo una de las múltiples posibilidades.

1.3. Cornelio Agripa

Ejercicio 5. *¿Cómo se podría construir un cuadrado mágico de orden 6 cuya constante sea 666?*

Si multiplicamos todos los números mágicos de cuadrado Sol por 6, obtendremos otro cuadrado mágico cuya constante es 666.

36	192	18	204	210	6
42	66	162	168	48	180
114	84	96	90	138	144
108	120	132	126	102	98
150	174	60	54	156	72
216	30	198	24	12	186

Ejercicio 6. *¿Qué propiedades encuentras en este cuadrado?*

186	180	108	114	72	6
30	156	102	138	48	192
204	54	126	90	168	24
18	60	132	96	162	198
12	174	120	84	66	210
216	42	78	144	150	36

Este cuadrado mágico está compuesto exclusivamente por los múltiplos de 6. Su constante mágica es 666.

1.4. Euler y sus cuadrados

Ejercicio 7. *Sobre un tablero con un número impar de casillas, es imposible un camino de caballo «con vuelta a casa». ¿Por qué?*

Si nos situamos en un tablero de ajedrez, el caballo pasa de un cuadrado a otro de distinto color en cada movimiento. Si empezara el recorrido en un cuadrado negro, el camino del caballo sería: NBNBN...N, es decir, al final ocupará un cuadrado negro y, por ser del mismo color que el de partida sería imposible pasar de uno a otro.

Ejercicio 8. *Construye recorridos del caballo de ajedrez en tableros de 5x5, 6x6 y 7x7.*

1	14	9	20	3
24	19	2	15	10
13	8	25	4	21
18	23	6	11	16
7	12	17	22	5

1	32	9	22	7	30
10	23	36	31	16	21
33	2	17	8	29	6
24	11	26	35	20	15
3	34	13	18	5	28
12	25	4	27	14	29

11	22	33	44	13	24	3
32	43	12	23	2	45	14
21	10	39	34	37	4	25
42	31	36	1	40	15	46
9	20	41	38	35	26	5
30	49	18	7	28	47	16
19	8	29	48	17	6	27

1.4.3. Cuadrados grecolatinos

Ejercicio 9. *Construye un cuadrado grecolatino de orden 5 basándote en dos cuadrados latinos de orden 5 ortogonales.*

Aquí tienes dos cuadrados de quinto orden que son ortogonales entre sí. Cuando los combinamos, se obtiene un cuadrado grecolatino.

0	1	2	3	4
1	2	3	4	0
2	3	4	0	1
3	4	0	1	2
4	0	1	2	3

0	1	2	3	4
2	3	4	0	1
4	0	1	2	3
1	2	3	4	0
3	4	0	1	2

00	11	22	33	44
12	23	34	40	01
24	30	41	02	13
31	42	03	14	20
43	04	10	21	32

1.5. Benjamin Franklin

Ejercicio 10. *¿Es el cuadrado de Benjamin Franklin un cuadrado mágico?*

No es un cuadrado mágico. La suma de todas sus filas y columnas es 260. Si sumamos los números diagonales principales, el resultado no nos da la constante mágica. Así pues, se trata de un cuadrado «semimágico».

Ejercicio 11. *¿Observas alguna regularidad en los números que forman las filas del cuadrado? ¿Y en las columnas?*

La suma de todos los números que forman parte de la mitad de una fila es la misma. Dicha suma es 130, la mitad de la constante mágica del cuadrado, que es 260.

La suma de todos los números que forman parte de la mitad de una columna es la misma. Dicha suma también es 130.

Ejercicio 12. *¿Podrías encontrar más regularidades en el cuadrado?*

Sí pueden encontrarse. Alguna de ellas son: la suma de cualesquiera que sean los 4 números equidistantes del centro es 130, las 4 esquinas del cuadrado suman 130, los cuatro números centrales suman 130, etc.

1.6. Gaudí y la Sagrada Familia

Ejercicio 13. *En el cuadrado vemos que algunos números como el 10 aparecen repetidos. ¿Podrías construir un cuadrado mágico de constante mágica 33 sin repetir ningún número?*

Los cuadrados con una suma mágica de 33 pueden ser construidos sin utilizar números enteros duplicados. Aquí tienes uno de ellos:

0	5	12	16
15	11	6	1
10	3	13	7
8	14	2	9

Ejercicio 14. *Intenta construir un cuadrado mágico de orden 4 procurando que no haya números repetidos y en el que en la primera fila aparezca el día de tu nacimiento.*

Imagina que naciste el 30 de junio de 1951. Los números que aparecerán en la primera fila del cuadrado que vamos a construir son: 30, 6, 19 y 51. La constante mágica del cuadrado será 106. Por tanto, el cuadrado mágico queda de la siguiente forma:

30	6	19	51
47	21	4	34
9	31	50	16
20	48	33	5

1.9.1. Cuadrados mágicos con fichas de dominó

Ejercicio 15. *Aquí tienes un marco de dominó hecho con ocho fichas.*

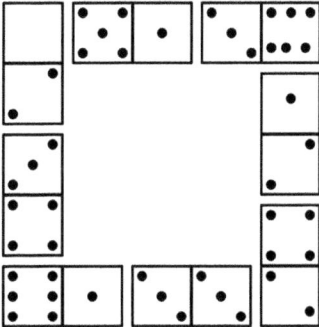

¿Podrías construir un marco con todas las fichas de dominó, de forma que la suma de sus lados fuese la misma? ¿Cuál debe ser el valor de dicha suma?

La suma de puntos buscada será 44 x 4 = 176, es decir, 8 más que la suma de todos los puntos de las fichas de dominó (168). Esto ocurre porque el número de puntos de las fichas que ocupan las esquinas se cuentan dos veces, de lo que se deduce que la suma de los tantos en los extremos del marco ha de sumar 8. Esto facilita un poco la colocación.

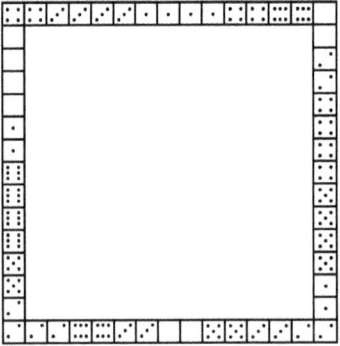

1.9.2. Cuadrados α-mágicos

Ejercicio 16a. *¿Serías capaz de construir un cuadrado alfamágico utilizando como idioma el castellano?*

Se podría construir un cuadrado alfamágico de la siguiente forma:

1) Elegimos 3 números x, y, z que cumplan la condición de que la suma de sus letras sean números consecutivos: n, n+1, n+2.
2) Como el número mil tiene tres letras, los números 1000+x, 1000+y, 1000+z tendrán, respectivamente n+3, n+4 y n+5 letras en sus nombres.
3) De la misma forma, como dos mil tiene 6 letras, los números 2000+x, 2000+y, 2000+z tendrán respectivamente n+6, n+7 y n+8 letras en sus nombres.
4) Si elijo los números x, y, z, de forma que estén en progresión aritmética, siempre se podrá construir un cuadrado alfamágico:

x+r	2000+x+2r	1000+x
2000+x	1000+x+r	X+2r
1000+x+2r	x	2000+x+r

Su cuadrado mágico asociado sería:

n+1	n+8	n+3
n+6	n+4	n+2
n+5	n	n+7

Por ejemplo, los números 1, 3 y 5 cumplirían la condición necesaria para construir un cuadrado alfamágico —están en progresión aritmética y la suma de sus letras son números consecutivos—. El cuadrado alfamágico sería:

3	2005	1001
2001	1003	5
1005	1	2003

1.10. Un universo mágico

Ejercicio 17. *Coloca los números del 1 al 12 en las intersecciones de las cuatro circunferencias de la figura, de manera que los círculos sean mágicos.*

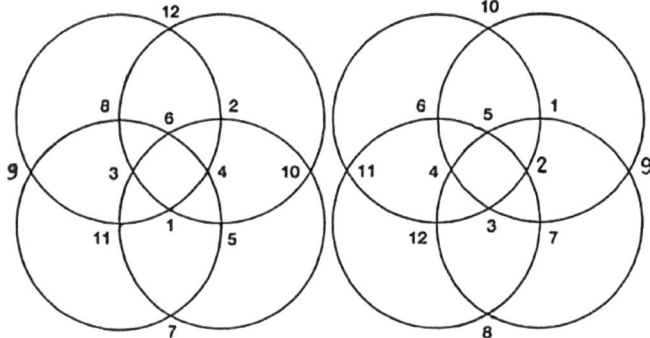

Ejercicio 18. *Coloca los números 1, 2..., 12 en la siguiente estrella para que sea mágica, es decir, tienes que conseguir que la suma de los números que hay a cada lado de la estrella sea siempre la misma.*

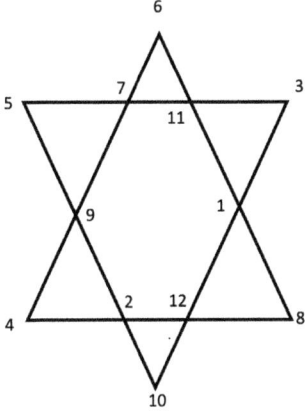

2. Historias y leyendas matemáticas

2.2. El número doce

Ejercicio 19. *Investiga cómo se utilizaba el sistema duodecimal en tiempos antiguos. ¿Qué ventajas tenía sobre el sistema decimal?*

El sistema duodecimal, también conocido como el sistema de base 12, fue utilizado por varias civilizaciones antiguas, como los babilonios, los sumerios y algunas tribus celtas. Aunque el sistema decimal (base 10) es predominante hoy en día, el duodecimal tenía algunas ventajas significativas en su uso cotidiano y comercial en épocas pasadas.

Uso del sistema duodecimal en la antigüedad:

1. Babilonios y sumerios:
   - Estas civilizaciones desarrollaron sistemas matemáticos que combinaban la base 12 con la base 60 (sexagesimal). Por ejemplo, en la astronomía y el tiempo, los babilonios dividían el día en 24 horas y la hora en 60 minutos, lo cual es un legado del sistema duodecimal y sexagesimal.
   - Este sistema se adoptó ampliamente en su comercio y mediciones debido a sus propiedades divisibles.
2. Celtas:
   - Algunas tribus celtas también usaron el sistema duodecimal. En el norte de Europa, se encontraron vestigios de su uso, particularmente en el ámbito comercial, con la división de bienes en fracciones de 12, como en las docenas.
3. Antiguo Egipto:
   - Los egipcios usaron la base 12 en su medición del tiempo, dividiendo el día en 12 horas de luz y 12 horas de oscuridad. Este concepto influyó en la medida del tiempo en culturas posteriores.
4. Herencia moderna:
   - El sistema duodecimal ha dejado su huella en varias unidades de medida modernas, como la docena (12), el pie (dividido en 12 pulgadas) y los grados (360 grados en un círculo, que es múltiplo de 12).

Ventajas del sistema duodecimal sobre el sistema decimal:

1. Divisibilidad:
   - El número 12 tiene más divisores que el 10. El 12 puede dividirse en 2, 3, 4 y 6 de manera exacta, mientras que el 10 solo puede dividirse en 2 y 5 sin generar fracciones. Esto hace que la base 12 sea más versátil para cálculos en fracciones comunes y para el comercio, ya que permite divisiones más sencillas de bienes en mitades, tercios, cuartos o sextos.
   - Ejemplo: si divides una cantidad en tres partes iguales en un sistema decimal, obtienes $0.\hat{3}$ (un número con infinitos decimales), mientras que en el sistema duodecimal es una fracción exacta.
2. Uso práctico en comercio:
   - La facilidad de dividir en múltiplos de 12 hizo que la base 12 fuera muy útil para la distribución de bienes, lo cual fue una ventaja en sociedades agrícolas y comerciales. La docena es un claro ejemplo de esta ventaja en el comercio, ya que una docena puede dividirse en 2, 3, 4 o 6 partes iguales.

3. Eficiencia en las fracciones:
   - En el sistema duodecimal, algunas fracciones comunes como 1/3, 1/4 o 1/6 se pueden escribir como números decimales exactos y sencillos. En cambio, en el sistema decimal, esas mismas fracciones suelen convertirse en decimales periódicos, lo cual puede hacer que los cálculos mentales o escritos sean más complicados
4. Simetría matemática:
   - El número 12 tiene propiedades matemáticas que lo hacen conveniente en geometría y astronomía. Por ejemplo, el número 360, que se usa para dividir un círculo, es divisible tanto por 12 como por muchos otros números pequeños (2, 3, 4, 5, 6, 8, 9, 10), lo cual facilita cálculos geométricos y de navegación.
5. Medida del tiempo y el ángulo:
   - El sistema duodecimal, combinado con la base 60, permitió la creación de sistemas altamente efectivos para medir el tiempo (24 horas) y ángulos (360 grados), facilitando el desarrollo de calendarios, relojes y navegación astronómica.

Desventajas frente al sistema decimal:
A pesar de estas ventajas, el sistema decimal se volvió dominante principalmente debido a la estructura de las manos humanas (10 dedos). Esta conveniencia física para contar llevó a su adopción en muchas culturas, lo que, con el tiempo, lo posicionó como el sistema numérico predominante. Además, el sistema decimal es más simple para la enseñanza básica, ya que solo involucra divisores de 10.

Ejercicio 20. *Observa tus manos y cuenta las falanges de tus dedos —excluyendo los pulgares—. Dibuja una mano y marca las falanges para visualizar cómo se relaciona con el número 12.*

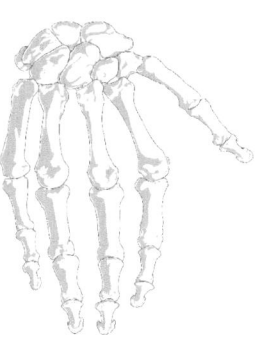

Aquí tienes una ilustración de una mano que muestra las falanges de los cuatro dedos, excluyendo los pulgares. Cada dedo tiene tres falanges —proximal, media y distal—, lo que suma un total de 12 falanges en los cuatro dedos, una representación perfecta del sistema duodecimal (base 12).

Ejercicio 21. *¿Por qué crees que el número 12 ha mantenido su relevancia a lo largo de la historia y en diferentes culturas?*

El número 12 ha mantenido su relevancia a lo largo de la historia y en diversas culturas debido a varias razones prácticas, matemáticas, culturales y simbólicas:

1. Divisibilidad y eficiencia matemática:
   - Como mencionamos antes, 12 es altamente divisible. Tiene divisores que permiten dividirlo en mitades, tercios, cuartos y sextos sin fracciones complicadas. Esto facilitó el comercio, las medidas y las fracciones en los cálculos cotidianos. Esta capacidad para ser dividido en tantas partes enteras lo hizo muy útil para distribuir bienes de manera equitativa.
2. Uso en sistemas de medida:
   - Medidas antiguas y actuales están basadas en el número 12. Por ejemplo:
     - **El pie, que se divide en 12 pulgadas.**
     - **La docena, usada ampliamente en comercio.**
     - **La hora, dividiendo el día en 12 horas de día y 12 horas de noche en muchos sistemas antiguos de medición del tiempo (como el egipcio).**
   - Este tipo de divisiones hacían más sencilla la medición de objetos y el tiempo en situaciones prácticas.
3. Geometría y astronomía:
   - En geometría, 12 juega un papel importante en la estructura del círculo. Un círculo puede dividirse fácilmente en 12 partes iguales —30 grados por segmento—, lo que también se conecta con el sistema de 360 grados para medir ángulos, que es un múltiplo de 12.
   - En la astronomía antigua, los babilonios dividieron el cielo en 12 signos del zodiaco, y este sistema de divisiones astronómicas se mantuvo a lo largo de los siglos, influyendo en calendarios y la navegación.
4. Simbología religiosa y cultural:
   - En muchas culturas y religiones, el número 12 ha adquirido un significado simbólico y sagrado. Por ejemplo:
     - **En la Biblia, se menciona el número 12 en múltiples ocasiones: los 12 apóstoles, las 12 tribus de Israel, los 12 frutos del árbol de la vida en el Apocalipsis.**
     - **En el hinduismo y el budismo, hay 12 etapas del renacimiento y la rueda del tiempo o karma también está asociada a este número.**
     - **Los griegos hablaban de los 12 dioses del Olimpo, mostrando su valor incluso en la mitología.**
5. Calendarios:
   - El calendario gregoriano, que es el más utilizado en el mundo moderno, está basado en 12 meses. Aunque este calendario está relacionado con la rotación de la Tierra y las estaciones, su estructura de 12 meses viene de antiguas divisiones del año, que ya se habían usado en Mesopotamia y Egipto.
   - Incluso en sistemas lunares, donde los meses siguen los ciclos de la Luna, el número 12 prevalece como el número de meses en un año.

6. Legado cultural y comercial:
   - La docena se ha mantenido como una unidad estándar en muchos sistemas de comercio. A lo largo de la historia, ha sido común vender productos en lotes de 12 porque, como mencionamos, este número permite subdivisiones sencillas.
   - En la Edad Media, el sistema de comercio y la contabilidad se beneficiaron del uso del número 12 debido a su divisibilidad, por lo que este ha mantenido su relevancia a lo largo del tiempo.
7. Medida del tiempo:
   - El sistema de 12 horas en los relojes también está basado en la división de 12 que proviene de antiguas civilizaciones como los babilonios y egipcios. Este formato es claro y fácil de visualizar, ya que divide el día y la noche en 12 horas cada uno.

2.3. El Arenario

Ejercicio 22. *Arquímedes, en su obra* El Arenario, *calculó el número de granos de arena que serían necesarios para llenar todo el universo, ¿sabrías decir qué cantidad obtuvo?*

Arquímedes afirmó que el número de granos de arena que había en el universo era menor que 10^{51}.

2.6. La leyenda del ajedrez

Ejercicio 23. *¿Cuántos granos de trigo había pedido Lahur?*

La cantidad que había pedido Lahur era: $1 + 2 + 4 + 8 + ... + 2^{62} + 2^{63} = 18.446.744.073.709.551.615$ granos de trigo.

Ejercicio 24. *¿Cómo explicarías esto? ¿Hay algún error o trampa en las cuentas del visir?*

El error está en que las propiedades de la aritmética finita no se pueden aplicar a las sumas infinitas.

2.9. El Lilavati

Ejercicio 25. *Oh, pequeña matemática, dime dos números cuya diferencia sea 8 y la diferencia de sus cuadrados sea 400.*

Este problema se puede resolver mediante un sistema de ecuaciones:

$$\begin{cases} x - y = 8 \\ x^2 - y^2 = 400 \end{cases}$$

Cuya solución es $x = 29$ e $y = 21$.

Ejercicio 26. *De un grupo de elefantes, la mitad y un tercio de la mitad se fueron a una cueva; un sexto y un séptimo de un sexto se fueron a beber agua a un río; un octavo y un noveno de un octavo se fueron a jugar a una charca llena de lotos. El amoroso rey de los elefantes se quedó tranquilamente con tres elefantas. Si esta era la situación, ¿cuántos elefantes componían la manada?*

En este caso, una de las formas de resolver el problema, podría ser la siguiente:

$$\frac{1}{2} + \frac{1}{6} + \frac{1}{6} + \frac{1}{42} + \frac{1}{8} + \frac{1}{72} = \frac{502}{504}$$

$$\frac{502}{504}x + 3 = x \rightarrow x = 756$$

2.10. Epitafios

Diofanto

Ejercicio 27. *Resuelve el problema de la edad de Diofanto a su muerte.*

Para resolver el problema de la tumba de Diofanto, se puede hacer mediante la ecuación:

$$\frac{x}{6} + \frac{x}{12} + \frac{x}{7} + 5 + \frac{x}{2} + 4 = x$$

$$x = 84$$

2.11. Ciudades con puentes

Ejercicio 28. *Partiendo de la siguiente imagen, que muestra un dibujo de la ciudad de Cuenca, haz un grafo de la ciudad y estudia cómo podrías pasear por ella pasando por todos sus puentes una sola vez.*

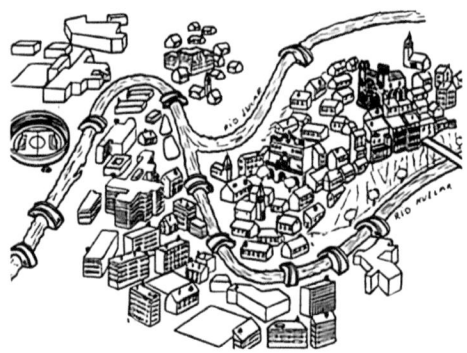

Dibujo de la ciudad de Cuenca

Euler determinó cuándo un grafo puede ser dibujado sin necesidad de levantar el lápiz del papel. Llamaremos eulerianos a aquellos grafos que pueden ser dibujados sin necesidad de levantar el lápiz del papel.

Si todos los vértices son pares, hay un recorrido euleriano.

Si hay dos vértices impares, también hay un recorrido llamado semieuleriano, que empieza en uno de estos vértices impares y acaba en el otro.

Si hay 4, 6, 8,..., vértices impares, el problema no tiene solución.

Este grafo corresponde a la ciudad de Cuenca, en el que las aristas representan a los puentes. Los vértices son las posibles zonas en las que puede empezar el recorrido. En este caso, hay dos vértices impares. Se puede diseñar un recorrido semieuleriano. Pasaríamos por todos los puentes una sola vez y los puntos de salida y llegada serían los vértices impares.

2.12. Dido y la geometría de la piel de toro

Ejercicio 29. *Estudia cuál es el área de diferentes polígonos regulares que tienen el mismo perímetro. Comprueba que un círculo tiene mayor área que cualquier polígono regular con idéntico perímetro.*

Polígono	N° lados	Perímetro	Área
Cuadrado	4	1	0.0625
Hexágono	6	1	0.0721
Octógono	8	1	0.0754
Dodecágono	12	1	0.0777
Isodecágono	20	1	0.0789
Circunferencia	infinitos	1	0.0795

3. Juegos y problemas

3.1. Juegos de estrategia

Ejercicio 30. *Descubre qué estrategia debes seguir para ganar en el juego: «A la caza de la moneda».*

Para llevarse la moneda hay que retirar la última cerilla que ocupa el lugar 31. Esto será posible si se consigue retirar la cerilla que ocupa el lugar 27. Continuando con este proceso, debemos pues retirar las cerillas que ocupan los lugares 23, 19, 15, 11, 7, 3.

Así pues, la estrategia ganadora consistiría en empezar el juego retirando 3 cerillas.

Ejercicio 31. *En una cesta de cerezas, Pedro se come la mitad de las cerezas menos 1. Después José se come la mitad de las cerezas que quedan menos 1 y, posteriormente, Marta se come la mitad de las cerezas que encuentra menos 1. Finalmente, Manuel se come las últimas 5 cerezas que hay en la cesta. ¿Cuántas cerezas había inicialmente en la cesta?*

Empezamos por el final...

Manuel se come 5 cerezas. Para que queden 5 y Marta se coma la mitad menos 1, el número de cerezas debe ser 8. Siguiendo este razonamiento, José encuentra 14 y Pedro 26.

3.1.1. La simetría

Ejercicio 32. *¿Sabrías encontrar una estrategia ganadora para el juego de la cadena, independientemente del número de monedas que la forman?*

La estrategia ganadora de este juego está basada en la simetría. Siempre gana el segundo jugador y, para conseguirlo, debe romper la cadena con el mismo número de monedas.

3.1.2. Otros juegos de estrategia

El partido de fútbol

Ejercicio 33. *¿Cuál es la estrategia a seguir?*

Si enumeramos los 20 jugadores de izquierda a derecha 1, 2, 3... 19, 20. El primer jugador en elegir puede decidir si empieza por el jugador número 1 o por el jugador número 20 –tiene la opción de elegir un jugador en posición impar o un jugador en posición par–.

Si en el torneo, el número de goles marcados por los jugadores que ocupan la posición impar es mayor que el número de goles de los jugadores que ocupan la posición par, el primer portero elegiría al jugador que ocupa la posición número 1, obligando al segundo a elegir a un jugador que ocupa una posición par. En el caso de que los jugadores que ocupan la posición par hubieran marcado más goles, el primer portero empezaría eligiendo al jugador que ocupa la posición número 20.

Así pues, independientemente de cómo se coloquen los jugadores, existe una estrategia ganadora para el primer portero que elige.

Ejercicio 34. *Si la elección se hiciera entre un grupo de veintiún jugadores –uno de ellos se queda sin jugar–, ¿existe una estrategia ganadora?*

Si ha de escoger entre 21 jugadores, no hay estrategia que garantice que gana uno de los porteros.

Veamos dos posibles situaciones a y b. En una de ellas ganaría el primer portero en elegir y, en la otra, ganaría el segundo portero en elegir.

Situación a: 2, 1, 1, 1, 1, 1, 1, 1, 1, 1, 1, 1, 1, 1, 1, 1, 1, 1, 1, 1, 1
Situación b: 1, 2, 1, 1, 1, 1, 1, 1, 1, 1, 1, 1, 1, 1, 1, 1, 1, 1, 1, 1, 1

3.2. Juegos tipo Nim

Ejercicio 35. *Fíjate en la imagen. ¿Qué estrategia debes seguir para ganar?*

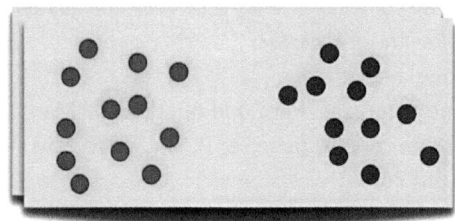

Gana el primer jugador que en su primera jugada deja el mismo número de fichas en cada montón y luego hace lo mismo que su oponente en el otro montón.

3.3. Juegos de caza y captura

El cazador

Ejercicio 36. *¿Podrá capturar el cazador a su presa?*

Sí, en este caso, el cazador puede capturar a su presa.

Ejercicio 37. *Sitúa al cazador en otros vértices. ¿En qué casos podrá capturar el cazador a su presa?*

Es posible que te ayude colorear los vértices del grafo de forma alternativa. Si el cazador y la presa comienzan el juego situados en vértices del mismo color, el cazador nunca capturará a la presa. Si comienzan el juego en vértices de distinto color, la captura es posible siempre que el primer movimiento lo realice el cazador.

Captura de monedas

Ejercicio 38 y ejercicio 39. *¿Podrá capturar la moneda de 1€ a la moneda de 10€? Situando las monedas en otros vértices, ¿en qué casos será posible la captura y en qué casos no?*

Se pueden colorear los vértices de la siguiente forma:

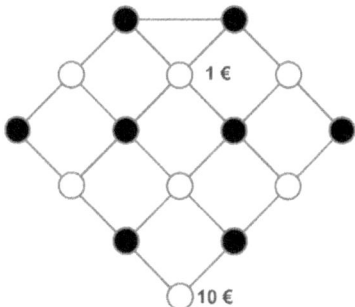

La moneda de 1€ y la de 10€ están situadas inicialmente en vértices del mismo color. En principio, la captura parece imposible. No obstante, si se observa el grafo, nos damos cuenta de que en la parte superior hay dos vértices consecutivos del mismo color. Si la moneda de 1€ hace el recorrido BNN... ha cambiado la paridad del color y la captura es posible.

3.4. Acertijos lógicos

El batallón de los 24 soldados

Ejercicio 40. *¿Cuál es el número máximo de presos que podrían alcanzar la libertad?*

El último preso, que ve todos los gorros menos el suyo, debe contar el número de gorros blancos que hay —también puede hacerse con los negros—. Si hay un número par de gorros blancos contestará «blanco» y si hay un número impar de gorros blancos contestará «negro». Como se sabe la paridad del color de los gorros, saldrán en libertad 23 presos.

Ojos azules

Ejercicio 41. *¿Cuántos habitantes deberán abandonar la isla y cuándo lo harán?*

Si hubiera un solo isleño, y el forastero dice la frase, entonces él tendrá que «matarse» al día siguiente, pues es el único que puede tener los ojos azules. Si hay dos con los ojos azules, entonces, al saber los dos que el otro tiene los ojos igual que el forastero, se esperan a que el otro se marche y, al ser personas lógicas, deducen que los dos tienen los ojos azules y se «matarán» al cabo de dos días.

Si repetimos el proceso hasta 100, de forma recursiva, veremos que al final se marcharán todos juntos cuando hayan pasado 100 días.

Ejercicio 42. *Supongamos ahora que esa noche el extranjero se pone a pensar y se da cuenta del problema que ha creado y que tiene que solucionarlo. Al mediodía siguiente decide volver a la isla y decirles a todos que no lo tomen en serio, que lo que había dicho el día anterior era mentira. ¿Qué pasa en la isla a partir de este momento?*

En el caso de que el extranjero vuelva al día siguiente a retractarse de lo que dijo, vuelve a ocurrir lo mismo: las 100 personas con los ojos azules deberán abandonar la isla pasados 100 días.

3.5. Problemas de pesas y pesadas

Ejercicio 43. *¿Cómo resolverías el problema de las pesas de Bachet de Meziriac?*

La solución a este problema es 1, 3, 9 y 27 kg.

Si tenemos un juego de pesas que nos permita pesar desde 1 hasta n kg., mediante una pesa nueva p = 2n + 1 kg., aumentar el campo de pesada hasta 3n + 1 kg.

En efecto, puesto que con las primitivas pesas podíamos pesar desde 1 kg hasta n kg. Para pesar ahora cualquier objeto que valga p + x o p − x (siendo x un número desde 1 hasta n), no tendremos más que poner el peso p en el platillo opuesto a la carga y añadir la combinación de pesas necesarias para compensar la diferencia x entre los platillos, lo que siempre es posible, pues equivale a pesar una carga comprendida entre 1 y n.

Como el extremo del margen de medida es 40, pondremos 3n + 1 = 40, n = 13, p = 2n + 1, p = 27. Las tres restantes han de permitirnos pesar desde 1 hasta 13. No tendremos más que repetir el razonamiento, siendo ahora 13 el límite superior:

3n + 1 = 13, n = 4, p = 2n +1, p = 9. De la misma forma: 3n + 1 = 4, n = 1, p = 2n + 1, p = 3; debiendo ser la cuarta pesa p = n = 1.

Ejercicio 44. *Un lechero tiene que vender diez litros de leche y solo tiene dos cántaras de ocho y tres litros. ¿Qué podría hacer para llenar las cantaras sin pasarse de diez litros?*

3 + 3 + 3 en la 8 y sobra 1 en la de 3. Vacía la de 8 y echa ahí el litro que quedaba en la de 3. Así tendríamos 3 + 3 + 1 = 7 // 7 + 3 = 10.

Ejercicio 45. *Una persona necesita sacar de un depósito 7 litros de líquido. La persona solo dispone de dos vasijas, una de 9 litros y otra de 4 litros, y no puede usar otras vasijas auxiliares para echar el líquido. ¿Qué puede hacer para sacar los 7 litros que necesita?*

9 – 4 – 4 = 1 // Echa el litro en la de 4 // 9 – 3 – 4 = 2 // 9 – 2 = 7

Ejercicio 46. *Tengo un bidón de agua con 16 litros y otro con 12 litros, pero este último está vacío. También tengo 1 garrafa de 5 litros y otra de 3, y tengo que llenar el bidón de 12 litros. ¿Cómo podré llenar el bidón de 12 litros, usando solo las garrafas?*

5 + 5 + (5 – 3)

Ejercicio 47. *Una receta exige cuatro litros de agua. Si tuvieras una jarra de 4 litros no habría problema, pero no posees más que dos jarras sin graduar, una de 5 litros y otra de 3. ¿Cómo las usarás para medir exactamente los 4 litros de la receta?*

Se llena la de 5 litros. Se echa en la de 3 y quedan 2 litros. Se vacía la de 3 y quedan los 2 litros. Se llena la de 5 y se van echando en la de 3 que, al tener 2 litros, solo quedará 1 litro. La de 5 se queda pues con 4 litros.

3.6. El arte de repartir

El reparto de las perlas
Ejercicio 48. *¿Cuántos hijos y perlas tenía el sultán?*

6 hijos y 35 perlas.

El reparto de monedas
Ejercicio 49. *¿Cómo deben repartirse las monedas? (Pista: el reparto estándar de 5 y 3 monedas no es el más justo).*

7 monedas de oro debe recibir Musa; y 1 moneda de oro, Masa.

El reparto de los marineros
Ejercicio 50. *¿Cuántas monedas hay inicialmente? ¿Cuántas monedas recibe cada uno de los marineros?*

Hay 241 monedas. El primer marinero recibe 103, el segundo 76 y el tercero 58.

3.7. La cinta de Möbius

Casas y pozos

Ejercicio 51. *Dadas tres casas y tres pozos, ¿podrías conectar cada granja con los tres pozos sin que se corten las tuberías? ¿Tendría solución el problema de las casas y los pozos en una cinta de Möbius?*

Utilizando la teoría de grafos, no se pueden conectar las tres granjas con los tres pozos, se trata de un grafo $K_{3,3}$.

En el caso de que utilicemos la cinta de Möbius, se pueden conectar hasta 6 puntos sin que se corten los caminos.

3.8. El Stomachion

Ejercicio 52. *Calcula las áreas de cada una de las 14 piezas del rompecabezas. ¿Qué has considerado como unidad para calcularlas? ¿Qué fracción de área corresponde a cada una de las figuras, considerando el cuadrado de 12 x 12?*

Aquí tienes el valor de las áreas de cada una de las piezas del rompecabezas:

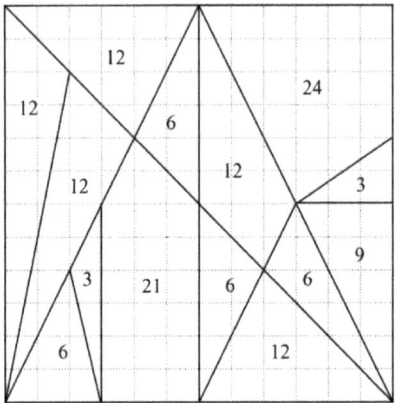

Si tenemos en cuenta que el cuadrado generador tiene lados de 12 unidades de longitud —por ejemplo, centímetros— y dibujamos una cuadrícula de 12 x 12 sobre él, podemos observar que los vértices de todas las piezas coinciden con los puntos de intersección de dicha cuadrícula. Además, en esta cuadrícula, la distancia entre un punto y el siguiente, ya sea en dirección horizontal o vertical, es de una unidad de longitud. Esto no solo demuestra que la descomposición del cuadrado no es arbitraria, sino que también facilita el cálculo de las áreas de las 14 piezas del rompecabezas, todas con valores enteros. Los tamaños de las áreas, comenzando desde la parte superior izquierda y siguiendo el sentido de las agujas del reloj, son: 12, 6, 12, 24, 3, 9, 6, 12, 6, 21, 3, 6, 12 y 12.

El área total del cuadrado sería de 144 y la fracción correspondiente a cada una de las figuras se obtendrá dividiendo su área entre 144.

REFERENCIAS BIBLIOGRÁFICAS

Almira, J.M. y Sabina, J.C. (2007). *Hilbert: Matemático fundamental*. Nivola.

Arguedas, V. (2013). La reina Dido de Cartago y el primer problema isoperimétrico conocido. *Revista digital matemática, Educación e Internet, 13*(2), 1-5.

Balbuena, L. y García J.E. (2014). *Cervantes, Don Quijote y las matemáticas*. Federación Española de Sociedades de Profesores de Matemáticas.

Bashmakova, I. G. (2015). *Diofanto y las ecuaciones diofánticas*. URSS.

Benito, A. y Merchán, S. (2019). Juegos y rarezas matemáticas. *Pensamiento Matemático, IX* (1), 163-76.

Boyer, C. (1986). *Historia de la Matemática*. Alianza Editorial.

Bradshaw, G. (2006). *El contador de arena*. Salamandra.

Carlavilla, J. L. y Fernández, M. (2001). *Construcciones y aplicaciones didácticas de los cuadrados mágicos II*. Proyecto Sur de Ediciones, Granada.

Carlavilla, J. L. y Fernández, G. (2003). *Historia de las matemáticas. Desde que el hombre empezó a contar: historias, juegos, problemas y cosas de matemáticas*. Proyecto Sur de Ediciones, Granada.

Carlavilla, J. L. y Fernández, M. (2004). *Construcciones y aplicaciones didácticas de los cuadrados mágicos I*. Proyecto Sur de Ediciones, Granada.

Carlavilla, J. L. (2005). *Si hay una x, hay matemáticas*. Proyecto Sur de Ediciones, Granada.

Cicerón (2010). *Tusculanas*. Introducción, traducción y notas de Antonio López Fonseca. Alianza Editorial.

Cuevas de las, G. (4 de mayo de 2022). La magia matemática que se esconde en la Sagrada Familia. *El País*. Recuperado de https://elpais.com/ciencia/cafe-y-teoremas/2022-05-04/la-magia-matematica-que-se-esconde-en-la-sagrada-familia.html

Descombes, R. (2000). Les carrés magiques. Histoires, théorie et technique du carré magique, de l'Antiquité aux recherches actuelles. Vuibert, Paris.

Eratóstenes. (2016). *Mitología del firmamento*. Alianza Editorial.

Fernández, S. (2007). Leonhard Euler y el recorrido del caballo de ajedrez. *Sigma, 3*, 225-228.

Freire, N. (10 de febrero de 2024). Arquímedes y el primer momento Eureka. *National Geographic España*. Recuperado de https://www.nationalgeographic.com.es/ciencia/arquimedes-y-primer-momento-eureka_21535

Galeano, J. y Pastor, J.M. (2019). *De los puentes de Königsberg a las redes sociales. Teoría de grafos y redes complejas*. EMSE EDAPP

García, F. (2021). Magia con números. *Revista digital de ACTA*, 1-26.

García, F. y Puertas, M.L. (1998). El Teorema de la Curva de Jordan. *Divulgaciones Matemáticas, 6*(1), 43-60.

Gardner, M. (2008). *Matemática para divertirse*. Providencia. RIL Editores.

Gardner, M. (2018). *Carnaval matemático*. Madrid: Alianza Editorial.

Gardner, M. (2024). *¡Aja! Paradojas que te hacen pensar*. RBA.

Gracián, E. (2022). *Historia de los números*. Arpa Editores.

Hans, J.A., Muñoz, J. y Fernández-Aliseda, A. (2005). Stomachion. El cuadrado de Arquímedes. *SUMA, 50*, 79-84.

La fascinante historia del Dominó (9 de diciembre de 2020). *Lanza Digital*. Recuperado de https://www.lanzadigital.com/general/la-fascinante-historia-del-domino/

Martínez, J.R. (2004). Los cuadrados mágicos en el Renacimiento. Matemáticas y magia natural en el *De occulta philosophia* de Agrippa. *Educación Matemática, 6*(2),77-92.

Meléndez, J. (2023). *De Tales a Newton: Un viaje con la ciencia*. Pirámide.

Netz, R. y William, N. (2007). El *Código de Arquímedes. La verdadera historia del libro que podría haber cambiado el rumbo de la ciencia*. Ediciones Martínez Roca.

Pickover, C.A. (2009). *La Banda de Möbius*. Almuzara.

Ramis, S. (28 de mayo de 2015). De Chartres a la Sagrada Familia, ocho catedrales con laberinto. *La Vanguardia*. Recuperado de https://www.lavanguardia.com/ocio/viajes/20180528/443663779781/ocho-catedrales-laberinto.html

Requena, Á. y Malia, J. (2015). *Lilavati, matemática en verso del siglo XII*. Ediciones SM.

Rupérez, J.A. y García, M. (2009). Estrategias simples (y no tan simples) para los juegos de NIM. *Números, 71*, 134-147.

Sánchez, C. y Valdés, C. (2001). *Los Bernoulli: geómetras y viajeros*. Nivola.

Southwell, G. (2021). *Paradojas*. Ilus Books.

Tahan, M. (2018). *El hombre que calculaba*. RBA.

Vásquez, M.V. (2014). Juegos Matemáticos. Entendiendo el Cuadrado Matemático de Benjamín Franklin. *Pensamiento matemático, 5*(2), 125-155.

Vera, S. (2018). *Matemáticas. Sobre números, medidas y fórmulas*. Ediciones (RIOSAL)-PIMSEP.

EPÍLOGO

Bueno, si has llegado hasta aquí, ¡felicidades! Has sobrevivido a un viaje lleno de cuadrados mágicos, desafíos numéricos, y probablemente alguna que otra cuenta que te hizo levantar una ceja —o ambas—. No te preocupes, es totalmente normal. Las matemáticas tienen ese encanto de dejarte perplejo y fascinado al mismo tiempo. Como cuando te das cuenta de que llevas media hora pensando en cómo sumar mentalmente dos números..., y resulta que solo eran 14 + 7.

A lo largo de estas páginas, has visto que los números no son solo para calculadoras y exámenes. Son pequeños magos, capaces de crear patrones imposibles, resolver problemas que parecen irreales, y hasta contarte una buena historia. ¡Quién lo diría! Las matemáticas tienen más en común con una novela de aventuras de lo que parece.

Hablando de aventuras, seguro que este recorrido ha tenido sus momentos de «¡Ajá!», Y otros de «¡Ay, no entiendo nada!». Pero así es la magia de los números. Un día te sientes como un gran matemático griego y, al siguiente, te preguntas cómo era eso de dividir por dos.

Pero lo importante es que ha quedado claro que las matemáticas están en todas partes: en la naturaleza, en las historias, en los juegos, e incluso en el universo mismo. Los números no son solo símbolos, son la melodía secreta que mantiene todo en movimiento, aunque a veces desafinen un poco cuando intentamos usarlos en nuestras cuentas del supermercado.

Así que, ¿qué toca ahora? Bueno, la magia de los números nunca termina, pero tu recorrido por este libro sí. Si te ha quedado alguna duda, o si un cuadrado mágico decidió rebelarse en el último minuto, no te preocupes. Las matemáticas, como el buen vino, mejoran con el tiempo y con la paciencia —¡y a veces también con una calculadora!—.

Gracias por unirte a este viaje. Espero que te hayas divertido y que hayas aprendido algo nuevo, además de haber descubierto que los números son mucho más que simples cifras en una hoja. Ahora puedes cerrar el libro, pero no cierres esa curiosidad que se despertó en ti. Porque los números, al igual que la magia, siempre están listos para su próximo truco.

¡Hasta la próxima aventura matemática!

SOBRE LOS AUTORES

José Luis González Fernández (Ciudad Real, 1973) es un apasionado de las matemáticas con vocación docente y una creatividad contagiosa. Licenciado en Ciencias Matemáticas por la Universidad Complutense de Madrid y Doctor en Didáctica de las Matemáticas por la de Extremadura, lleva más de 25 años enseñando con entusiasmo en las aulas de secundaria y de la universidad. Su sello distintivo es un enfoque innovador y cercano: combina literatura, humor y tecnología para enseñar matemáticas de forma accesible y divertida. Forma parte del equipo creador del canal de YouTube «angelitoons» que, en el momento de la publicación de este libro, supera los 43.000 suscriptores. Un profesor con alma de divulgador... y corazón de maestro.

David Molina García (Cuenca, 1987) es licenciado en Matemáticas e Ingeniero Informático por la Universidad Autónoma de Madrid y doctor en Matemáticas por la Universidad de Castilla-La Mancha. Actualmente, es profesor de didáctica de las matemáticas en la Facultad de Educación de Ciudad Real (Universidad de Castilla-La Mancha). Ha desarrollado estudios centrados, principalmente, en matemática discreta, oncología matemática y didáctica de las matemáticas. En los últimos años se ha centrado en el uso de materiales didácticos manipulativos y en el uso de recursos literarios como los álbumes ilustrados para la enseñanza de las matemáticas.

José Antonio Núñez López (Almuñécar, 1980) es licenciado en Ciencias Matemáticas por la Universidad de Granada y doctor en Didáctica de las Matemáticas por la Universidad de Castilla-La Mancha. Desde el año 2006 es profesor de matemáticas en Educación Secundaria, desarrollando esta labor desde el 2008 en el IES Pedro Álvarez de Sotomayor

(Manzanares, Ciudad Real), donde actualmente ejerce como director del centro. Desde 2019 ha desempeñado labor docente como profesor de didáctica de las matemáticas en la Facultad de Educación de Ciudad Real (Universidad de Castilla-La Mancha). Sus principales líneas de trabajo e investigación tratan sobre la utilización de materiales manipulativos para el desarrollo del pensamiento lógico y abstracto.